1 単項式と多項式

★ 単項式《たんこうしき》…数や文字についての乗法だ[illegible]

例　$8a$、$-x^2$、3、$2x^2y$

★ 多項式《たこうしき》…単項式の和の形で表された式を多項式といい、1つ1つの単項式を項《こう》という。

$3x^2-2x+4$
$=3x^2+(-2x)+4$
項

例　$2ab-3$、$3x^2-2x+4$　（-3、4のように、多項式の数だけの項を定数項《ていすうこう》という。）

1 次のア～カの式について、単項式と多項式にそれぞれ分けましょう。

ア　$2a+6$	イ　$-x^3$	ウ　y^2-3y+1
エ　$4xy$	オ　$-ab+5c$	カ　$\frac{1}{2}m-n$

単項式〔　　　　　〕
多項式〔　　　　　〕

2 次の多項式について、その項と文字をふくむ項の係数を答えましょう。

(1)　$x+4$　　項〔　　　　　〕
係数〔　　　　　〕

(2)　x^2-3y　　項〔　　　　　〕
係数〔　　　　　〕

(3)　$-ab+5c$　　項〔　　　　　〕
係数〔　　　　　〕

解答➔P.095

何問できた？

8問中　　　問

2 式の次数

月　　日

ここ大事！

★ **単項式の次数…かけあわされた文字の個数。**

例　$5a = 5 \times a$ ➜ 次数は 1（1 次式）

　　$-2x^2y = -2 \times x \times x \times y$ ➜ 次数は 3（3 次式）

★ **多項式の次数…各項の次数のうちで最も大きいもの。**

例　$2a^3 + 3a^2 + 5a$ ➜ 最大の次数は 3（3 次式）

次数 3　次数 2　次数 1

1 次の単項式の次数を答えましょう。

(1)　$7xy$　〔　　　〕

(2)　$-m^2$　〔　　　〕

(3)　$2ab^2c$　〔　　　〕

2 次の多項式は何次式ですか。

(1)　$a - b + 10$　〔　　　〕

(2)　$x^2 + 3x - 1$　〔　　　〕

(3)　$2a^2b - 6ab - 5b$　〔　　　〕

(4)　$xy + 4xy^2 - 3xy^2z^2$　〔　　　〕

3 次のア～エの式について、下の問いに答えましょう。

ア　a^2	イ　$1.2x - y$	ウ　$a - 2b^2c$	エ　$5xyz$

(1)　単項式と多項式にそれぞれ分けましょう。

単項式〔　　　〕　多項式〔　　　〕

(2)　それぞれ何次式か答えましょう。

ア〔　　　〕　イ〔　　　〕　ウ〔　　　〕　エ〔　　　〕

解答 ➜ P.095

13問中　　　問

3 多項式の加法と減法①

月　　日

ここ大事!

★同類項《どうるいこう》…文字の部分が同じである項。

●同類項は、分配法則$ax+bx=(a+b)x$を使って１つの項にまとめることができる。

例　$5a+2b+3a+4b=\underline{5a+3a}+2b+4b$
$=(5+3)a+(2+4)b$
$=8a+6b$

係数どうしを加えて、共通の文字をつける

同類項
$5a+2b+3a+4b$
同類項

1 次の式で、同類項を答えましょう。

やって
みよう

(1)　$6a+3b+2a+5b$

〔　　　　〕

(2)　$2x^2-3x-4x^2+7x$

〔　　　　〕

2 次の計算をしましょう。

(1)　$8xy+2xy$

〔　　　　〕

(2)　$4x+2y+5x-8y$

〔　　　　〕

(3)　$3a+4ab-2a+2ab$

〔　　　　〕

(4)　$7x^2-4x+6x^2-x$

〔　　　　〕

(5)　$2a-5b-3b-9a$

〔　　　　〕

(6)　$\frac{1}{3}x-7xy-\frac{1}{6}x+10xy$

〔　　　　〕

8問中　　問

4 多項式の加法と減法②

月　　日

★ 多項式の加法・減法

●加法…そのままかっこをはずし、同類項をまとめる。

例　$(4x+2y)+(3x-6y)=4x+2y+3x-6y$　かっこをはずし、項を入れかえる

$=4x+3x+2y-6y$　同類項をまとめる

$=7x-4y$

●減法…各項の符《ふ》号《ごう》を変えてかっこをはずし、同類項をまとめる。

例　$(4x+2y)-(3x-6y)=4x+2y-3x+6y$　各項の符号を変えてかっこをはずし、項を入れかえる

$=4x-3x+2y+6y$　同類項をまとめる

$=x+8y$

加法
$$\begin{array}{rr} & 4x+2y \\ +) & 3x-6y \\ \hline & 7x-4y \end{array}$$

減法
$$\begin{array}{rr} & 4x+2y \\ -) & 3x-6y \\ \hline & x+8y \end{array}$$

1 次の計算をしましょう。

(1) $(3a-4b)+(6a+2b)$

〔　　　　　〕

(2) $(5x+xy)+(8x-9xy)$

〔　　　　　〕

(3) $(6a^2+5a)-(7a^2-2a)$

〔　　　　　〕

(4) $(2x-4y+4)-(10x-6+7y)$

〔　　　　　〕

2 次の計算をしましょう。

(1)
$$\begin{array}{rr} & 4x-9y \\ +) & 2x+5y \\ \hline \end{array}$$

(2)
$$\begin{array}{rr} & 6a+10b \\ -) & a-\ \ 4b \\ \hline \end{array}$$

(3)
$$\begin{array}{rr} & -8x^2-2x \\ -) & 7x^2-9x \\ \hline \end{array}$$

何問できた？

7問中　　問

5 多項式の計算①

月　日

ここ大事！

★ 多項式と数の乗法・除法

●(数)×(多項式)…分配法則を使って計算する。

例　$2(4x-5y)=2\times4x+2\times(-5y)=8x-10y$

●(多項式)÷(数)…乗法になおすか、分数の形になおして計算する。

例　$(8a+6b)\div2$

$=(8a+6b)\times\frac{1}{2}$ ←わる数の逆数をかける

$=8a\times\frac{1}{2}+6b\times\frac{1}{2}$

$=4a+3b$

$(8a+6b)\div2=\frac{8a+6b}{2}$ ←分数の形になおす

$=\frac{8a}{2}+\frac{6b}{2}$

$=4a+3b$

1 次の計算をしましょう。

やってみよう

(1)　$3(4a+2b)$

〔　　　　〕

(2)　$2(7x-8y)$

〔　　　　〕

(3)　$-4(5a-9b)$

〔　　　　〕

(4)　$-6(-2x+7y)$

〔　　　　〕

(5)　$5(4a+6b-1)$

〔　　　　〕

(6)　$(6x+9y)\div3$

〔　　　　〕

(7)　$(20a-15b)\div(-5)$

〔　　　　〕

(8)　$(-4x+24y)\div(-4)$

〔　　　　〕

(9)　$(18a-10b)\div\frac{2}{5}$

〔　　　　〕

解答→P.096

何問できた？

9問中　　問

6 多項式の計算②

月　日

★（数）×（多項式）の加法・減法

…分配法則を使う。➜同類項をまとめる。

例　$2(5x+3y)-3(4x-6y)=10x+6y-12x+18y$ ← 分配法則を使う

$=10x-12x+6y+18y$ 同類項をまとめる

$=-2x+24y$

★分数の形の式の加法・減法

…通分して１つの分数にまとめる。➜同類項をまとめる。

例　$\dfrac{3a+7b}{4}+\dfrac{5a+b}{2}=\dfrac{3a+7b}{4}+\dfrac{2(5a+b)}{4}$ ← 通分する

$=\dfrac{3a+7b+2(5a+b)}{4}$ ← １つの分数にまとめる

$=\dfrac{3a+7b+10a+2b}{4}$ 同類項をまとめる

$=\dfrac{13a+9b}{4}$

1 次の計算をしましょう。

(1)　$3(2a+6b)+4(a-5b)$

〔　　　　〕

(2)　$5(7x-3y)-2(9x-4y)$

〔　　　　〕

(3)　$\dfrac{3a-4b}{2}+\dfrac{2a+7b}{6}$

〔　　　　〕

(4)　$\dfrac{8x+y}{5}-\dfrac{4x-2y}{3}$

〔　　　　〕

解答➜P.096

何問できた？ 4問中　　問

7　単項式の乗法と除法①

月　　日

★単項式の乗法…係数の積に文字の積をかける。

例　$4x\times(-3y)=4\times(-3)\times x\times y=-12xy$

係数の積　$4\times(-3)$ → -12

文字の積　$x\times y$ → xy

★単項式の除法…分数の形になおすか、逆数をかける形にして計算する。

例　$4ab\div(-2a)=\dfrac{4ab}{-2a}$

$=-\dfrac{4ab}{2a}$

$=-\dfrac{\overset{2}{\cancel{4}}\times\overset{1}{\cancel{a}}\times b}{\underset{1}{\cancel{2}}\times\underset{1}{\cancel{a}}}$

$=-2b$

$\dfrac{1}{3}xy^2\div\dfrac{1}{2}y=\dfrac{xy^2}{3}\div\dfrac{y}{2}$

$=\dfrac{xy^2}{3}\times\dfrac{2}{y}$　← わる数の逆数をかける

$=\dfrac{x\times\overset{1}{\cancel{y}}\times y\times 2}{3\times\underset{1}{\cancel{y}}}$

$=\dfrac{2}{3}xy$

1　次の計算をしましょう。

(1)　$2a\times3b$　〔　　　〕

(2)　$(-4x)\times(-7xy)$　〔　　　〕

(3)　$(-6a)\times(-2b)^2$　〔　　　〕

(4)　$18xy\div2y$　〔　　　〕

(5)　$(-25a^2b)\div5a$　〔　　　〕

(6)　$\dfrac{1}{6}x^2y^3\div\left(-\dfrac{2}{3}xy\right)$　〔　　　〕

何問できた？

6問中　　問

8 単項式の乗法と除法②

月 日

ここ大事!

★ 乗法と除法の混じった式の計算…除法を乗法になおして計算する。

わる数の逆数をかける

例 $2y \div 4x \times (-6x) = 2y \times \dfrac{1}{4x} \times (-6x)$

$= -\dfrac{2y \times 1 \times 6x}{4x}$

$= -3y$

1 次の計算をしましょう。

(1) $15a^2 \div 3ab \times 2b$

(2) $10x \times (-21xy^2) \div 6x^2y$

(3) $(-16a^2b) \div 4ab \div (-b)$

(4) $4x \times 6x^2y \div \left(-\dfrac{8}{5}xy\right)$

(5) $12xy^2 \div \left(\dfrac{3}{2}y\right)^2 \div (-4x)$

(6) $\left(-\dfrac{10}{3}ab^2\right) \div \dfrac{5}{6}a^2b \times \left(-\dfrac{1}{4}a\right)^2$

解答 → P.097

何問できた? 6問中 問

9 単項式の乗法と除法③

月　　日

★式の値《あたい》の計算…式を簡単にしてから数を代入する。

例　$x=2$、$y=-4$のとき、$6x^2y \div 2x$の値は、

$$6x^2y \div 2x = \frac{6x^2y}{2x} = 3xy$$ ←式を簡単にする

$$= 3 \times 2 \times (-4)$$ ←数を代入する

$$= -24$$

1 $a=3$、$b=-2$のとき、次の式の値を求めましょう。

(1)　$4(a-5b)+2(3a+b)$

〔　　　　〕

(2)　$3(4a-9b)-5(2a-7b)$

〔　　　　〕

(3)　$45ab^2 \div (-5b)$

〔　　　　〕

(4)　$(-24a^3b^2) \div 8a^2b$

〔　　　　〕

2 $x=-6$、$y=\frac{1}{4}$のとき、次の式の値を求めましょう。

(1)　$2(7x-3y)-3(5x-6y)$

〔　　　　〕

(2)　$10xy^2 \div (-6x^2y^2) \times 3x^3y^2$

〔　　　　〕

解答 ➔ P.097

何問できた？

6問中　　　問

10 文字式の利用①

月　日

★文字式による説明

●**倍数の表し方**…ある整数 a の倍数 ➔ an（n は整数）

●**偶数《ぐうすう》と奇数《きすう》の表し方**…偶数 ➔ $2m$　奇数 ➔ $2n+1$　（m、n は整数）

2の倍数（$2m$）　偶数より1大きい数（$2n+1$）

1 **3の倍数どうしの和は3の倍数になることを、次のように説明しました。[　　]にあてはまる数やことばを書きましょう。**

〔説明〕 m、n を整数とすると、2つの3の倍数は、[①　　]m、[①　　]n と表される。

それらの和は、[①　　]$m+$[①　　]$n=$[②　　]$(m+n)$

$m+n$ は[③　　]だから、[②　　]$(m+n)$は3の倍数である。

したがって、3の倍数どうしの和は3の倍数になる。

2 **偶数と奇数の和は奇数になることを、次のように説明しました。[　　]にあてはまる数やことばを書きましょう。**

〔説明〕 m、n を整数とすると、偶数は[①　　]m、奇数は[①　　]$n+1$ と表される。

それらの和は、[①　　]$m+($[①　　]$n+1)$

$=$[①　　]$m+$[①　　]$n+1=$[②　　]$(m+n)+1$

$m+n$ は[③　　]だから、[②　　]$(m+n)+1$ は奇数である。

したがって、偶数と奇数の和は奇数になる。

解答➔P.097

11 文字式の利用②

月　　日

★文字を使った数の表し方

●連続する整数…n、$n+1$、$n+2$、…　（n は整数）

●2けたの自然数…十の位の数を x、一の位の数を y とすると、$10x+y$

1 連続する3つの整数の和は3の倍数になることを、次のように説明しました。□にあてはまる数や式を書きましょう。

〔説明〕 最も小さい整数を n とすると、3つの連続する整数は、

n、$n+1$、$n+2$ と表される。それらの和は、

$n+(n+1)+(n+2)=3n+$ ［①　　］ $=3($［②　　］$)$

［②　　］は整数だから、$3($［②　　］$)$ は3の倍数である。

したがって、連続する3つの整数の和は3の倍数になる。

2 2けたの自然数と、その数の十の位の数と一の位の数を入れかえた数との和は11の倍数になることを、次のように説明しました。□にあてはまる式を書きましょう。

〔説明〕 もとの数の十の位を x、一の位を y とすると、

もとの数は、［①　　］

入れかえた数は、［②　　］。

それらの和は、［③　　］

［④　　］は整数だから、［⑤　　］は11の倍数である。

したがって、2けたの自然数と、その数の十の位の数と一の位の数を入れかえた数との和は11の倍数になる。

解答→P.097

何問できた？　7問中　　問

12 文字式の利用③

月　　日

ここ大事！

★等式の変形

例　$2x+3y=12$ を x について解くと、

$$2x+3y=12$$

3y を移項《いこう》する

$$2x=12-3y$$

両辺を 2 でわる

$$x=6-\frac{3}{2}y$$

x=〜の形にすることを
xについて解くというよ。

1 次の等式を〔　〕の中の文字について解きましょう。

やってみよう

(1)　$a+b=-8$　〔b〕

〔　　　　　〕

(2)　$y=\frac{1}{5}x$　〔x〕

〔　　　　　〕

(3)　$a+b+c=180$　〔c〕

〔　　　　　〕

(4)　$7x-4y=32$　〔y〕

〔　　　　　〕

(5)　$\ell=2\pi r$　〔r〕

〔　　　　　〕

(6)　$V=\frac{1}{3}a^2h$　〔h〕

〔　　　　　〕

(7)　$\ell=2(m+n)$　〔n〕

〔　　　　　〕

(8)　$S=\frac{(a+b)h}{2}$　〔a〕

〔　　　　　〕

解答➜P.098

何問できた？

8問中　　　問

13 確認問題1

うでだめし やってみよう

表裏 10分!

月　　日

1 次の多項式について、その項と文字をふくむ項の係数を答えましょう。

〔4点×2〕

(1)　$2x-7$　項〔　〕　係数〔　〕

(2)　$-x^2-5y$　項〔　〕　係数〔　〕

2 次の多項式は何次式ですか。　〔4点×2〕

(1)　$x+3y-2$　〔　〕

(2)　$4ab-2ab^2+5a$　〔　〕

3 次の計算をしましょう。　〔6点×5〕

(1)　$4(6a+5b)$　〔　〕

(2)　$-2(4x-7y)$　〔　〕

(3)　$(15a-27b)\div 3$　〔　〕

(4)　$2(x-6y)+3(2x+3y)$　〔　〕

(5)　$\dfrac{2a+7b}{10}+\dfrac{4a-3b}{2}$　〔　〕

4 次の計算をしましょう。　〔6点×3〕

(1)　$10x\times 6y^2\div(-15xy)$　〔　〕

(2)　$(-24a^2b)\div(-4a)^2\times 7ab$　〔　〕

(3)　$(-40x^3y^2)\div\dfrac{8}{9}xy^2\div(-3x)$　〔　〕

裏面に続くよ

5 $x=-3$、$y=4$ のとき、次の式の値を求めましょう。 ［7点×2］

(1) $4(6x-5y)-7(3x-2y)$　　(2) $9x^2y \div (-6xy^2) \times 2y^2$

〔　　　　　〕　〔　　　　　〕

6 次の等式を〔　〕の中の文字について解きましょう。 ［7点×2］

(1) $7a-3b=12$　〔b〕　　(2) $S=2(x+y+z)$　〔z〕

〔　　　　　〕　〔　　　　　〕

7 一の位の数が 0 でない 2 けたの自然数から、その数の十の位の数と一の位の数を入れかえてできる自然数をひくと、差は 9 の倍数になることを、次のように説明しました。［　　］にあてはまる式を書きましょう。 ［8点］

〔説明〕 もとの自然数の十の位の数を x、一の位の数を y とすると、

もとの自然数は、［①　　　　］

その数の十の位の数と一の位の数を入れかえてできる自然数は、

［②　　　　］と表される。それらの差は、

［③　　　　　　　　　　　　］

［④　　　　］は整数だから、［⑤　　　　］は 9 の倍数である。

したがって、2 けたの自然数から、その数の十の位の数と一の位の数を入れかえてできる自然数をひくと、差は 9 の倍数になる。

解答 ➜ P.098

何点とれた？

［　　　　点］

14 連立方程式とその解

月　日

連《れん》立《りつ》方《ほう》程《てい》式《しき》とその解

●連立方程式…方程式を組にしたもの。

●連立方程式の解…組にした方程式を両方とも成り立たせる文字の値の組。

例　連立方程式 $\begin{cases} 2x+3y=-7 & \cdots① \\ x-4y=13 & \cdots② \end{cases}$ のそれぞれの式に、

$x=1$、$y=-3$ を代入すると、

①→(左辺) $=2\times1+3\times(-3)=-7$、(右辺) $=-7$

②→(左辺) $=1-4\times(-3)=13$、(右辺) $=13$

①と②の両方とも(左辺)=(右辺)が成り立つので、$x=1$、$y=-3$ はこの連立方程式の解である。

1 次のア～エのうち、2元1次方程式 $3x+y=7$ の解であるものはどれですか。

ア　$x=2$、$y=4$　　　イ　$x=3$、$y=-2$

ウ　$x=5$、$y=-3$　　　エ　$x=-4$、$y=-2$

〔　　　　〕

2 次のア～ウの連立方程式のうち、$x=-3$、$y=4$が解であるものはどれですか。

ア　$\begin{cases} 2x-y=-10 \\ 5x+3y=-3 \end{cases}$　　イ　$\begin{cases} -3x-2y=1 \\ x+5y=15 \end{cases}$　　ウ　$\begin{cases} 6x+4y=-4 \\ 4x-y=-16 \end{cases}$

〔　　　　〕

解答→P.099

何問できた？　2問中　　問

15 連立方程式の解き方(加減法)①

月　　日

★加《か》減《げん》法《ほう》…左辺どうし、右辺どうしを加えたりひいたりして、
1つの文字を消去する方法。

例 $\begin{cases} 2x+y=7 & \cdots① \\ 3x-y=3 & \cdots② \end{cases}$

$$\begin{array}{lrl} ① & 2x+y & =7 \\ ② & +)\ 3x-y & =3 \\ \hline & 5x\quad & =10 \\ & x & =2 \end{array}$$

y を消去する

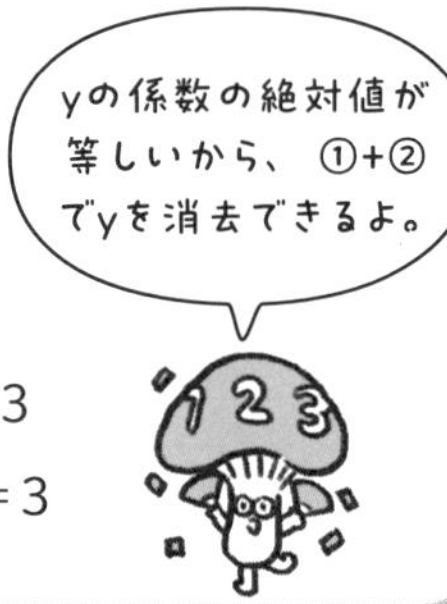

$x=2$ を①に代入すると、$2\times2+y=7$、$y=3$

よって、この連立方程式の解は、$x=2$、$y=3$

1 次の連立方程式を加減法で解きましょう。

(1) $\begin{cases} 4x+y=18 \\ 3x+y=14 \end{cases}$

〔　　　　　　〕

(2) $\begin{cases} x-y=4 \\ x+5y=-2 \end{cases}$

〔　　　　　　〕

(3) $\begin{cases} 3x-2y=-16 \\ 7x+2y=-4 \end{cases}$

〔　　　　　　〕

(4) $\begin{cases} 5x+6y=12 \\ -5x-y=-27 \end{cases}$

〔　　　　　　〕

何問できた?

4問中　　問

16 連立方程式の解き方(加減法)②

月　日

★文字の係数の絶対値が等しくない場合

…式を何倍かして、文字の係数の絶対値をそろえる。

例　$\begin{cases} 3x+2y=12 & \cdots① \\ 4x-y=5 & \cdots② \end{cases}$

$$\begin{array}{lrl} ① & 3x+2y & =12 \\ ②\times 2 & +)\ 8x-2y & =10 \\ \hline & 11x & =22 \\ & x & =2 \end{array}$$

係数の絶対値をそろえて、y を消去する

②の式の両辺を2倍する

$x=2$ を②に代入すると、$4\times 2-y=5$、$-y=-3$、$y=3$

よって、この連立方程式の解は、$x=2$、$y=3$

1 次の連立方程式を加減法で解きましょう。

(1) $\begin{cases} 5x+y=-3 \\ 3x+2y=1 \end{cases}$

〔　　　　　　　〕

(2) $\begin{cases} 3x+4y=1 \\ x-6y=15 \end{cases}$

〔　　　　　　　〕

(3) $\begin{cases} 7x-5y=-23 \\ 2x+y=-9 \end{cases}$

〔　　　　　　　〕

(4) $\begin{cases} x+3y=15 \\ -4x-7y=-25 \end{cases}$

〔　　　　　　　〕

解答➔P.099

4問中　　問

17 連立方程式の解き方(加減法)③

月　日

★ どちらか一方の式を何倍かするだけでは係数がそろわない場合

…係数の絶対値を最小公倍数にそろえる。

例 $\begin{cases} 8x+3y=20 & \cdots① \\ 5x-2y=-3 & \cdots② \end{cases}$

$$\begin{array}{lrl} ①\times 2 & 16x+6y & =40 \\ ②\times 3 & +)\ 15x-6y & =-9 \\ \hline & 31x & =31 \\ & x & =1 \end{array}$$

係数の絶対値をそろえて、y を消去する

$x=1$ を①に代入すると、$8\times 1+3y=20$、$3y=12$、$y=4$

よって、この連立方程式の解は、$x=1$、$y=4$

1 次の連立方程式を加減法で解きましょう。

(1) $\begin{cases} 3x+4y=-5 \\ 8x+3y=2 \end{cases}$

〔　　　　　　〕

(2) $\begin{cases} 5x-4y=6 \\ -2x+9y=5 \end{cases}$

〔　　　　　　〕

(3) $\begin{cases} 5x+6y=1 \\ -7x-4y=-19 \end{cases}$

〔　　　　　　〕

(4) $\begin{cases} 5x-8y=-18 \\ 9x+10y=-8 \end{cases}$

〔　　　　　　〕

解答 ➔ P.100

何問できた?

4問中　　問

18 連立方程式の解き方(加減法)④

月　　日

ここ大事!

★係数に小数をふくむ場合

…両辺に10や100をかけて、係数を整数にする。

例 $\begin{cases} 0.2x-0.5y=-0.4 \\ 0.01x+0.06y=0.15 \end{cases}$ 両辺を10倍する／両辺を100倍する → $\begin{cases} 2x-5y=-4 & \cdots① \\ x+6y=15 & \cdots② \end{cases}$

★係数に分数をふくむ場合

…両辺に分母の最小公倍数をかけて、分母をはらう。

例 $\begin{cases} \frac{1}{2}x+\frac{2}{3}y=\frac{5}{3} \\ 5x-2y=8 \end{cases}$ 両辺を6倍する → $\begin{cases} 3x+4y=10 & \cdots① \\ 5x-2y=8 & \cdots② \end{cases}$

1 次の連立方程式を加減法で解きましょう。

やってみよう

(1) $\begin{cases} 0.1x+0.2y=0.5 \\ 3x-2y=-9 \end{cases}$

〔　　　　　　〕

(2) $\begin{cases} 0.2x+0.3y=-0.1 \\ -0.05x+0.01y=-0.23 \end{cases}$

〔　　　　　　〕

(3) $\begin{cases} \frac{1}{3}x-\frac{1}{4}y=\frac{7}{12} \\ -8x+5y=-9 \end{cases}$

〔　　　　　　〕

(4) $\begin{cases} \frac{1}{7}x+\frac{1}{2}y=\frac{3}{7} \\ \frac{4}{9}x+\frac{11}{12}y=\frac{1}{18} \end{cases}$

〔　　　　　　〕

解答 ➔ P.100

何問できた?

4問中　　　問

19 連立方程式の解き方(代入法)①

月 日

ここ大事!

★代入法《だいにゅうほう》…一方の式を他方の式に代入して、1つの文字を消去する方法。

例 $\begin{cases} y = 3x - 1 & \cdots ① \\ x + y = 3 & \cdots ② \end{cases}$

①を②に代入すると、

$x + (3x - 1) = 3$、$4x - 1 = 3$、$4x = 4$

$x = 1$

yを消去する

$x = 1$ を①に代入すると、$y = 3 \times 1 - 1 = 3 - 1 = 2$

よって、この連立方程式の解は、$x = 1$、$y = 2$

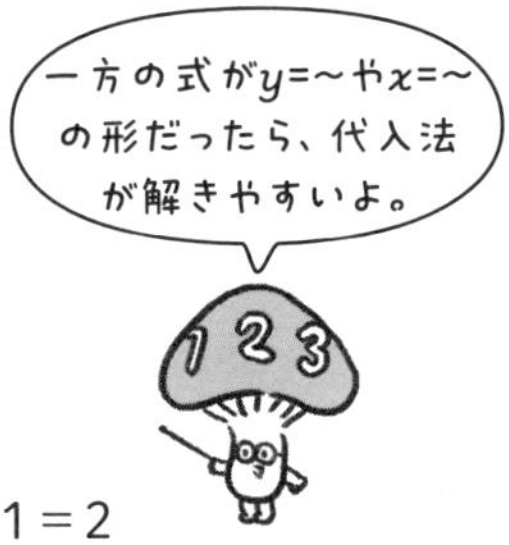

1 次の連立方程式を代入法で解きましょう。

(1) $\begin{cases} y = 2x - 8 \\ 4x + y = 10 \end{cases}$

〔　　　　〕

(2) $\begin{cases} y = -3x - 6 \\ 5x - 2y = 1 \end{cases}$

〔　　　　〕

(3) $\begin{cases} x = y - 6 \\ 2x + 3y = -2 \end{cases}$

〔　　　　〕

(4) $\begin{cases} x = 2y - 9 \\ 7x - 4y = -13 \end{cases}$

〔　　　　〕

何問できた？ 4問中　　問

20 連立方程式の解き方(代入法)②

月　日

ここ大事！

★式を変形して代入する場合

…一方の式を $x=$〜、$y=$〜の形にして代入する。

例 $\begin{cases} 3x+y=5 & \cdots① \\ 2x+3y=1 & \cdots② \end{cases}$

①を y について解くと、$y=-3x+5\cdots①'$

①′を②に代入すると、

$2x+3(-3x+5)=1$、$2x-9x+15=1$、$-7x=-14$

y を消去する

$x=2$

$x=2$ を①′に代入すると、$y=-6+5=-1$

よって、この連立方程式の解は、$x=2$、$y=-1$

1 次の連立方程式を代入法で解きましょう。

(1) $\begin{cases} 2x+y=6 \\ 8x-3y=-4 \end{cases}$

〔　　　　〕

(2) $\begin{cases} 3x-y=-11 \\ -4x-5y=2 \end{cases}$

〔　　　　〕

(3) $\begin{cases} x+3y=4 \\ 3x-7y=-20 \end{cases}$

〔　　　　〕

(4) $\begin{cases} x-2y=3 \\ 9x-10y=-5 \end{cases}$

〔　　　　〕

解答 → P.101

何問できた？ 4問中　　問

21 いろいろな連立方程式の解き方①

月　日

★かっこがある場合…かっこをはずして整理する。

例 $\begin{cases} 5x+4y=17 \\ 3x+2(y-2)=5 \end{cases}$ かっこをはずして整理する → $\begin{cases} 5x+4y=17 & \cdots① \\ 3x+2y=9 & \cdots② \end{cases}$

$$\begin{array}{lrcl} ① & 5x+4y & = & 17 \\ ②\times 2 & -)\ 6x+4y & = & 18 \\ \hline & -x & = & -1 \\ & x & = & 1 \end{array}$$

加減法で y を消去する

$x=1$ を②に代入すると、$3\times 1+2y=9$、$2y=6$、$y=3$

よって、この連立方程式の解は、$x=1$、$y=3$

1 次の連立方程式を解きましょう。

(1) $\begin{cases} 2x-3(y+6)=-4 \\ 5x+2y=16 \end{cases}$

〔　　　　〕

(2) $\begin{cases} 3x+5y=11 \\ x-2(y-4)=8 \end{cases}$

〔　　　　〕

(3) $\begin{cases} 4x-3(y-1)=-16 \\ 2(x+5)-y=3 \end{cases}$

〔　　　　〕

(4) $\begin{cases} 4(x+y)-7y=-10 \\ 2x+3(x-y)=-14 \end{cases}$

〔　　　　〕

解答 → P.101

何問できた?

4問中　　問

22 いろいろな連立方程式の解き方②

月　　日

★ $A=B=C$ の形の場合

…$\begin{cases} A=B \\ A=C \end{cases}$　$\begin{cases} A=B \\ B=C \end{cases}$　$\begin{cases} A=C \\ B=C \end{cases}$ のいずれかの形になおして解く。

例　$x+4y=4x+6y=10$ ──2つの式をつくる→ $\begin{cases} x+4y=10 & \cdots① \\ 4x+6y=10 & \cdots② \end{cases}$

$$\begin{array}{lrr} ①\times 4 & & 4x+16y=40 \\ ② & -) & 4x+\ \ 6y=10 \\ \hline & & 10y=30 \\ & & y=3 \end{array}$$

$y=3$ を①に代入すると、$x+4\times 3=10$、$x=10-12=-2$

よって、この連立方程式の解は、$x=-2$、$y=3$

1 次の連立方程式を解きましょう。

(1)　$x-y=7x+y=4$

〔　　　　〕

(2)　$2x-3y=-10x+7y=-8$

〔　　　　〕

(3)　$5x+8y+2=3x+5y=-x-3y$

〔　　　　〕

3通りの組み合わせの中から、
計算しやすい形を選ぼう。

解答→P.101

何問できた?　3問中　　問

23 連立方程式の利用①

月　　日

ここ大事！

★ 連立方程式の利用

❶連立方程式をつくる…何を文字(x、y)で表すかを決める。
2つの等しい数量の関係を方程式で表す。

❷連立方程式を解く。

❸求めた解が問題にあっているかどうかを調べる。

★ 代金の関係…単価×個数＝代金

例　1個 x 円のあめを10個、1個 y 円のチョコレートを7個買うときの代金が550円になるときの関係を方程式で表すと、

$$10x + 7y = 550$$

あめの代金（$10x$）　チョコレートの代金（$7y$）

1 **みかんとりんごを買います。みかん3個とりんご4個の代金は720円、みかん8個とりんご5個の代金は1240円です。次の問いに答えましょう。**

やってみよう

(1)　みかん1個の値段を x 円、りんご1個の値段を y 円として、連立方程式をつくりましょう。

〔　　　　　　　　〕

(2)　みかん1個とりんご1個の値段は、それぞれ何円ですか。

みかん〔　　　　　〕　りんご〔　　　　　〕

解答 ➔ P.102

何問できた？　3問中　　問

24 連立方程式の利用②

月　　日

ここ大事！

★ 割合の表し方…1% → $\frac{1}{100}$(0.01)　　1割 → $\frac{1}{10}$(0.1)

例　定価 x 円のセーターを20%引きの値段で買ったときの代金は、

└100－20＝80(%)の値段

→ $\frac{80}{100}x$(円)

ある中学校の今年の生徒数は、去年より10%増加した。

去年の生徒数を x 人とすると、今年の生徒数は、

└100＋10＝110(%)

→ $\frac{110}{100}x$(人)

やってみよう

1 **ある中学校の去年の生徒数は420人でした。今年は去年より、男子が５％減り、女子が６％増えたので、全体では１人増えました。次の問いに答えましょう。**

(1)　去年の男子の人数を x 人、去年の女子の人数を y 人として、連立方程式をつくりましょう。

〔 　　　　　〕

(2)　去年の男子と女子の人数は、それぞれ何人ですか。

男子〔　　　　〕　女子〔　　　　〕

(3)　今年の男子と女子の人数は、それぞれ何人ですか。

男子〔　　　　〕　女子〔　　　　〕

何問できた？

5問中　　　問

25 連立方程式の利用③

月　　日

ここ大事!

★速さ・時間・道のりの関係…時間 $= \dfrac{道のり}{速さ}$

例　1200m離《はな》れた公園に行くのに、はじめは分速60mで歩き、途《と》中《ちゅう》から分速90mで走ったら、18分かかった。このときの、歩いた道のりと走った道のりをそれぞれ求める。

解　歩いた道のりをxm、走った道のりをymとして連立方程式をつくると、

	歩いたとき	走ったとき	全体
道のり(m)	x	y	1200
速さ(m/分)	60	90	
時間(分)	$\frac{x}{60}$	$\frac{y}{90}$	18

$$\begin{cases} x+y=1200 \\ \dfrac{x}{60}+\dfrac{y}{90}=18 \end{cases}$$

$x+y=1200$ ←道のりの関係

$\dfrac{x}{60}+\dfrac{y}{90}=18$ ←時間の関係

これを解くと、$x=840$、$y=360$

歩いた道のり…840m　　走った道のり…360m

1 自動車で、A地点からB地点を通ってC地点まで行きます。AC間の道のりは150kmです。AB間を時速45kmで、BC間を時速60kmで走ったら、3時間かかりました。次の問いに答えましょう。

やってみよう

(1)　AB間の道のりを$x$km、BC間の道のりを$y$kmとして連立方程式をつくりましょう。

〔　　　　〕

(2)　AB間、BC間の道のりは、それぞれ何kmですか。

AB間〔　　　　〕　BC間〔　　　　〕

何問できた?

3問中　　問

26 確認問題 2

うでだめし やってみよう

表裏 10分!

月　日

1 次のア～ウの連立方程式のうち、$x=2$、$y=-3$が解であるものはどれですか。　［4点］

ア $\begin{cases} x+y=-1 \\ 4x-y=5 \end{cases}$　　イ $\begin{cases} -x+2y=-5 \\ 3x+8y=-10 \end{cases}$　　ウ $\begin{cases} 5x-y=13 \\ -7x-2y=-8 \end{cases}$

〔　　　〕

2 次の連立方程式を解きましょう。　［8点×6］

(1) $\begin{cases} 3x+2y=-1 \\ 7x-4y=15 \end{cases}$

〔　　　〕

(2) $\begin{cases} 5x-3y=-6 \\ 8x-5y=-11 \end{cases}$

〔　　　〕

(3) $\begin{cases} -9x-7y=-8 \\ 6x+5y=7 \end{cases}$

〔　　　〕

(4) $\begin{cases} y=2x+10 \\ 4x+3y=-10 \end{cases}$

〔　　　〕

(5) $\begin{cases} 0.6x-0.1y=-0.2 \\ -0.02x+0.05y=-0.18 \end{cases}$

〔　　　〕

(6) $\begin{cases} \dfrac{2}{3}x-\dfrac{1}{2}y=-\dfrac{3}{2} \\ -\dfrac{1}{6}x+\dfrac{3}{8}y=-\dfrac{7}{8} \end{cases}$

〔　　　〕

裏面に続くよ

3 次の連立方程式を解きましょう。　［10点×2］

(1) $\begin{cases} 4(x-6)-5y=7 \\ -5x+8(x+y)=-12 \end{cases}$

(2) $2x+7y=6x-y+4=-13$

〔　　　　〕　〔　　　　〕

4 ある動物園の入園料は、大人２人と子ども３人では1600円、大人３人と子ども５人では2500円です。大人１人と子ども１人の入園料を、それぞれ求めましょう。　［14点］

大人〔　　　　〕　子ども〔　　　　〕

5 ある中学校の陸上部では、去年の部員数は45人でした。今年は去年より、男子が20％減り、女子が15％増えたので、全体では２人減りました。今年の男子と女子の部員数を、それぞれ求めましょう。

［14点］

男子〔　　　　〕　女子〔　　　　〕

解答 ➜ P.102

何点とれた？

点

27 1次関数

月　日

★1次関数…y が x の関数で、y が x の1次式で表されるとき、
y は x の1次関数であるといい、$y=ax+b$ で表す。

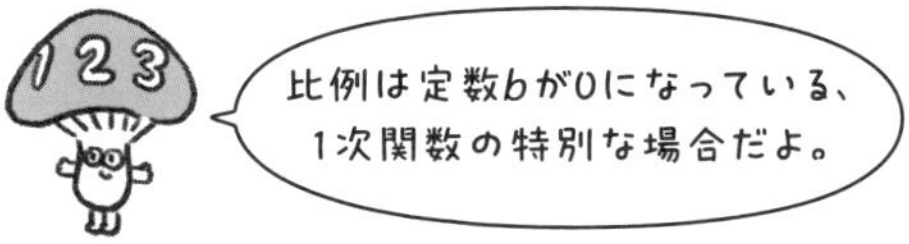

$y=ax+b$
x に比例する部分（ax）　定数の部分（b）

1 次のア～オの式で、y が x の1次関数であるものをすべて選びましょう。

ア　$5x-y=1$　　イ　$xy=-7$　　ウ　$y-\frac{x}{2}=0$

エ　$\frac{y}{x}=9$　　オ　$y=3x^2$

〔　　　　　〕

2 次のア～エについて、下の問いに答えましょう。

ア　1000円を出して、1mの値段が120円のリボンを x m買ったときのおつりは y 円である。

イ　半径 x cmの円の面積は y cm^2 である。ただし、円周率は π とする。

ウ　800mの道のりを、分速 x mで歩いたときにかかった時間は y 分である。

エ　5Lの水が入っている水槽《すいそう》に、毎分2Lの割合で x 分間水を入れたときの水槽の中の全部の水の量は y Lである。

(1)　ア～エのそれぞれについて、x と y の関係を式に表しましょう。

ア〔　　　　　〕　イ〔　　　　　〕
ウ〔　　　　　〕　エ〔　　　　　〕

(2)　y が x の1次関数であるものをすべて選びましょう。

〔　　　　　〕

解答➜P.103

何問できた？

6問中　　問

28 変化の割合

月　　日

★変化の割合…1次関数 $y=ax+b$ では、変化の割合は一定で、a に等しい。

$$(\text{変化の割合})=\frac{(y\text{の増加量})}{(x\text{の増加量})}=a$$

例　1次関数 $y=2x+1$ で、x の値《あたい》が1から5まで増加するとき、

x	1	5
y	3	11

（x の増加量 4、y の増加量 8）

変化の割合は、$\frac{8}{4}=2$ ←x の係数2に等しい

1 1次関数 $y=5x-1$ で、x の値が -3 から2まで増加するとき、次の問いに答えましょう。

(1)　x の増加量を求めましょう。

〔　　　　〕

(2)　y の増加量を求めましょう。

〔　　　　〕

(3)　変化の割合を求めましょう。

〔　　　　〕

2 次の1次関数の変化の割合を答えましょう。また、x の増加量が3のときの y の増加量を求めましょう。

(1)　$y=x+6$

変化の割合〔　　　　〕　y の増加量〔　　　　〕

(2)　$y=-2x-3$

変化の割合〔　　　　〕　y の増加量〔　　　　〕

解答→P.103

何問できた？　7問中　　問

29 1次関数のグラフのかき方

月　日

ここ大事!

★1次関数 $y=ax+b$ のグラフ…傾《かたむ》きが a、切片《せっぺん》が b の直線。

例　1次関数 $y=2x+1$ のグラフの傾きは 2、切片は 1

$a>0$のとき

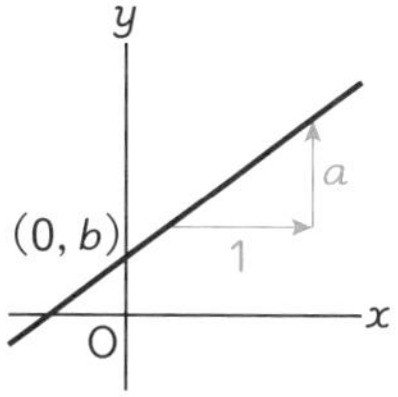

$a<0$のとき

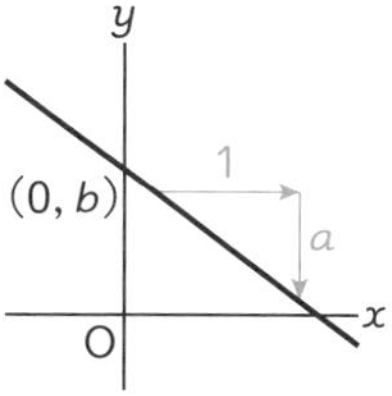

1 1次関数 $y=-2x+1$ のグラフについて、□にあてはまる数を書き、右の図にグラフをかきましょう。

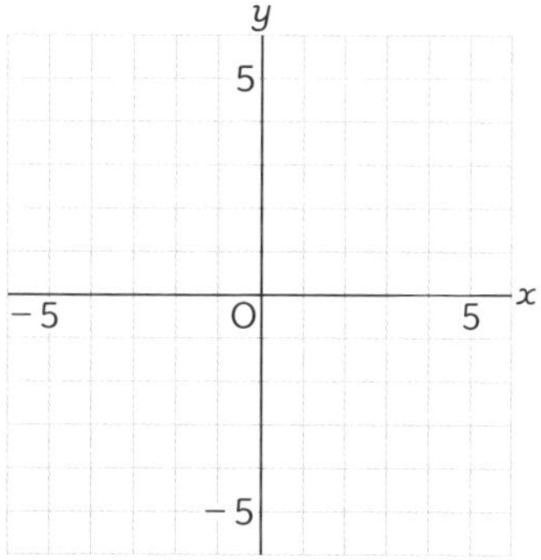

① 切片が□だから、点(0、□)を通る。

② 傾きが□だから、点(0、1)から右へ□、下へ□進んだ点(1、−1)を通る。

2 次の1次関数のグラフをかきましょう。

(1) $y=2x+2$

(2) $y=-x-4$

(3) $y=-\frac{3}{2}x+3$

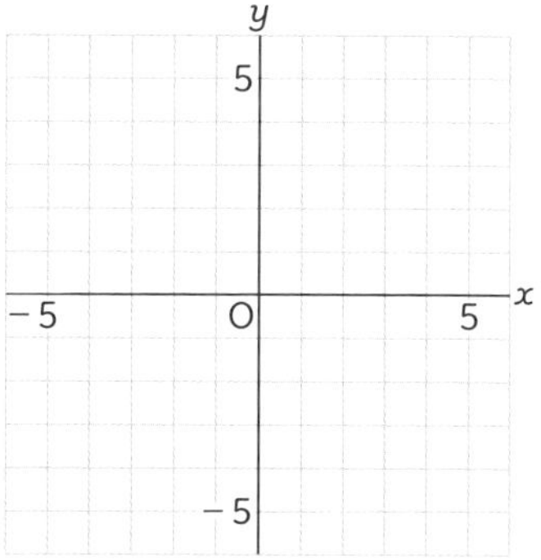

解答 ➔ P.103

何問できた?

9問中　　問

30 1次関数の式を求める①

月　　日

★傾きと切片がわかる場合

例　右の図の直線は、点(0、1)を通るので、切片は 1

点(0、1)から右へ1進むと、上へ2進むので、傾きは 2

よって、直線の式は、$y=2x+1$

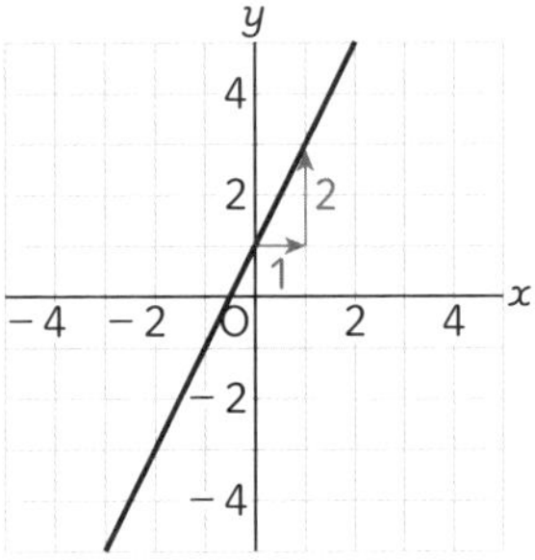

1 右の図の直線について、□にあてはまる数を書き、直線の式を求めましょう。

①　点(0、□)を通るから、切片は□

②　右へ2進むと、下へ□進むので、傾きは□

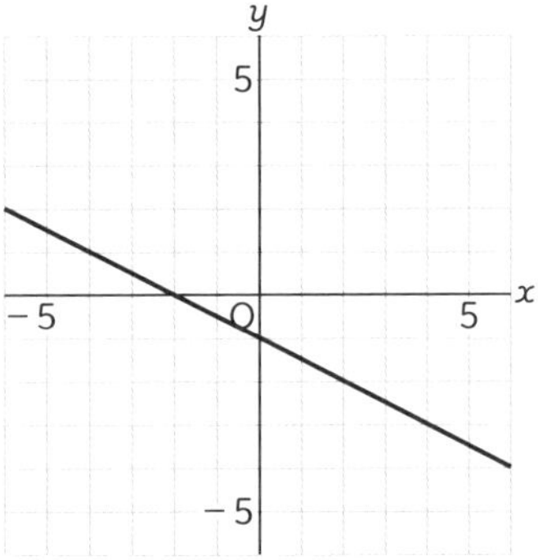

〔　　　　　〕

2 右の図の直線の式を求めましょう。

(1)〔　　　　　〕

(2)〔　　　　　〕

(3)〔　　　　　〕

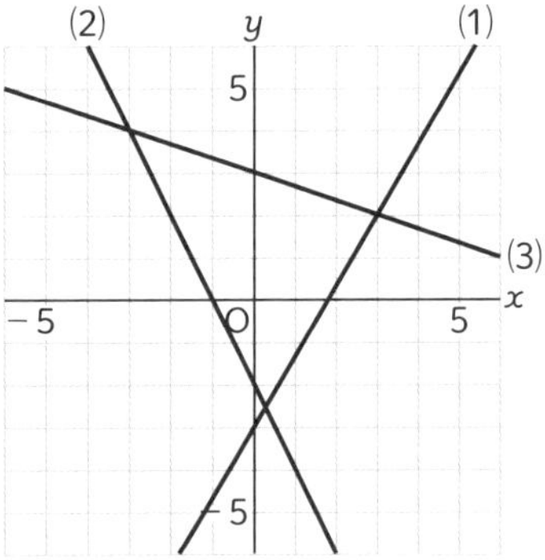

解答➔P.104

何問できた?

8問中　　問

31 1次関数の式を求める②

月　日

★傾きと1点の座標がわかる場合

例　傾きが2、点(3、4)を通る直線の式を求める。

解　傾きが2だから、$y=2x+b$ とおける。

点(3、4)を通るから、この式に

$x=3$、$y=4$ を代入して、

$4=2\times3+b$、$b=-2$

よって、直線の式は、$y=2x-2$

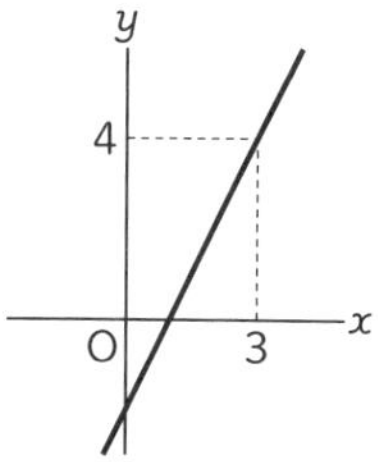

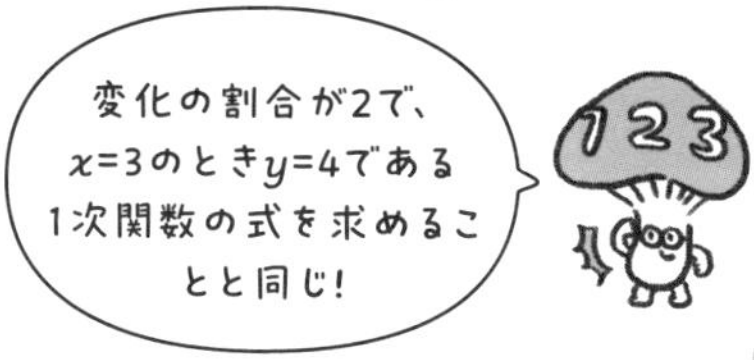

1 次の1次関数の式を求めましょう。

(1)　グラフの傾きが3で、点(1、4)を通る直線である。

〔　　　　　　〕

(2)　グラフの傾きが $-\frac{1}{2}$ で、点(2、-4)を通る直線である。

〔　　　　　　〕

(3)　変化の割合が -1 で、$x=2$ のとき $y=3$ である。

〔　　　　　　〕

(4)　変化の割合が $\frac{2}{3}$ で、$x=-3$ のとき $y=-6$ である。

〔　　　　　　〕

解答 ➜ P.104

何問できた？　4問中　　問

32 1次関数の式を求める③

月　　日

★2点の座標がわかる場合

例　2点(1、1)、(4、−5)を通る直線の式を求める。

解　傾きは $\dfrac{-5-1}{4-1}=-2$、$y=-2x+b$ とおく。

点(1、1)を通るから、$1=-2\times1+b$、$b=3$

よって、直線の式は、$y=-2x+3$

別解　$y=ax+b$ に2点の座標の値を代入して、

$$\begin{cases} 1=a+b \\ -5=4a+b \end{cases}$$

この連立方程式を解いて求めてもよい。

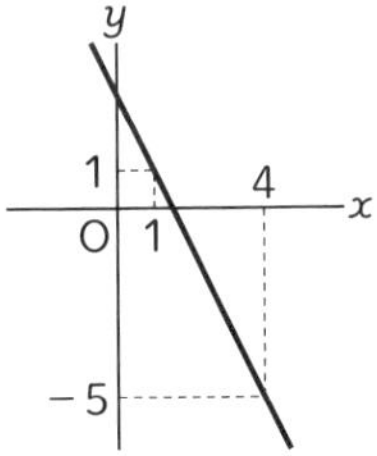

1 次の1次関数の式を求めましょう。

(1)　グラフが、2点(−1、−4)、(2、5)を通る直線である。

〔　　　　　　〕

(2)　グラフが、2点(−4、9)、(8、0)を通る直線である。

〔　　　　　　〕

(3)　$x=-3$ のとき $y=7$、$x=1$ のとき $y=-9$ である。

〔　　　　　　〕

(4)　$x=0$ のとき $y=2$、$x=5$ のとき $y=4$ である。

〔　　　　　　〕

解答→P.104

33 2元1次方程式とグラフ①

月　　日

★方程式のグラフ…1次方程式 $ax+by=c$ のグラフは直線になる。

★方程式のグラフのかき方❶

…y について解いて、傾きと切片を求める。

例　方程式 $2x+y=3$ は、$y=-2x+3$ と変形できる。

これより、この方程式のグラフは、傾き -2、切片 3 の右のような直線になる。

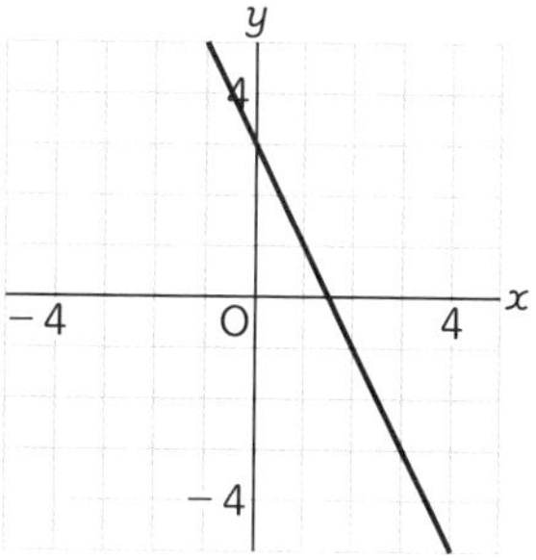

1 次の方程式を、y について解いて、グラフを右の図にかきましょう。

(1)　$x+y=4$

〔　　　　〕

(2)　$3x-y=1$

〔　　　　〕

(3)　$x+2y=4$

〔　　　　〕

(4)　$3x-2y=0$

〔　　　　〕

(5)　$5x+2y+10=0$

〔　　　　〕

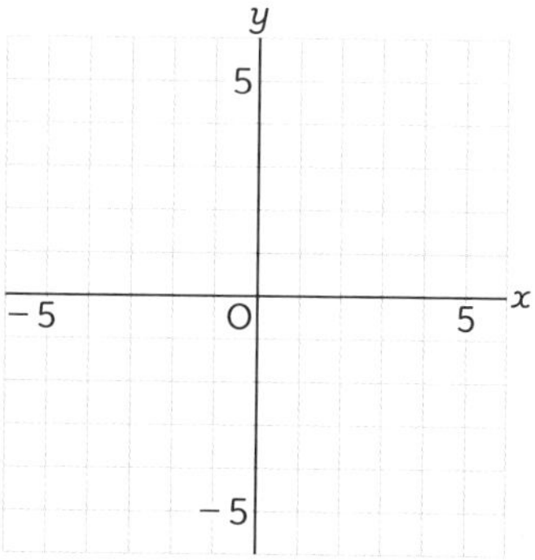

解答➔P.105

何問できた？　5問中　　問

34 2元1次方程式とグラフ②

月　日

ここ大事！

★ 方程式のグラフのかき方❷

…直線が通る 2 点の座標を求める。

例　方程式 $2x+3y=6$ は、$x=0$ のとき $y=2$、$x=3$ のとき $y=0$ だから、この方程式のグラフは、2点(0、2)、(3、0)を通る右のような直線になる。

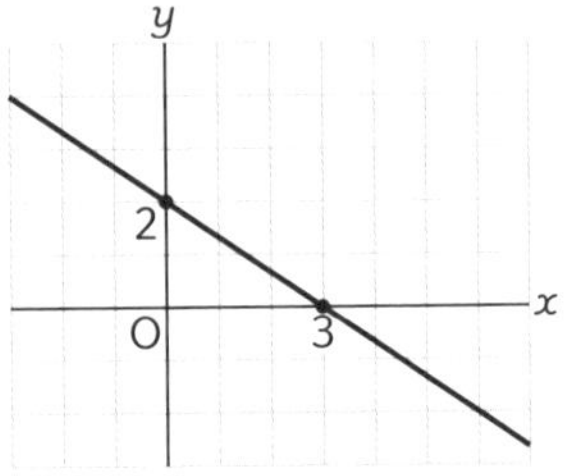

やってみよう

1 方程式 $2x-5y=10$ について、次の問いに答えましょう。

(1)　$x=0$ のとき、y の値を求めましょう。

〔　　　　　〕

(2)　$y=0$ のとき、x の値を求めましょう。

〔　　　　　〕

(3)　(1)、(2)の x、y の値を組とする座標を 2 点とって、この方程式のグラフを右の図にかきましょう。

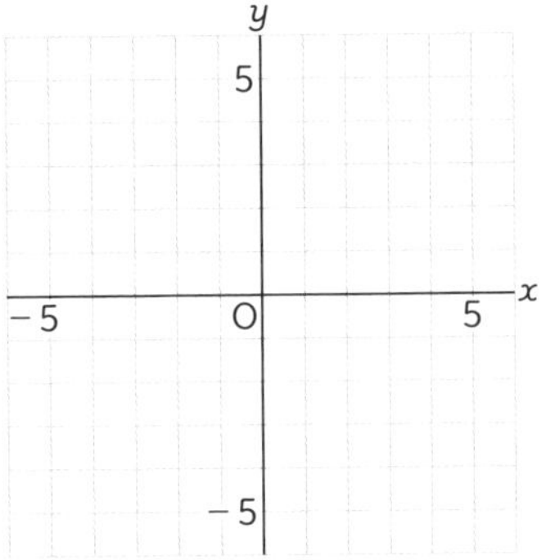

2 次の方程式のグラフを、グラフが通る 2 点の座標を求めて、右の図にかきましょう。

(1)　$5x-3y=15$

(2)　$3x+4y+12=0$

(3)　$\dfrac{x}{4}+\dfrac{y}{4}=\dfrac{1}{2}$

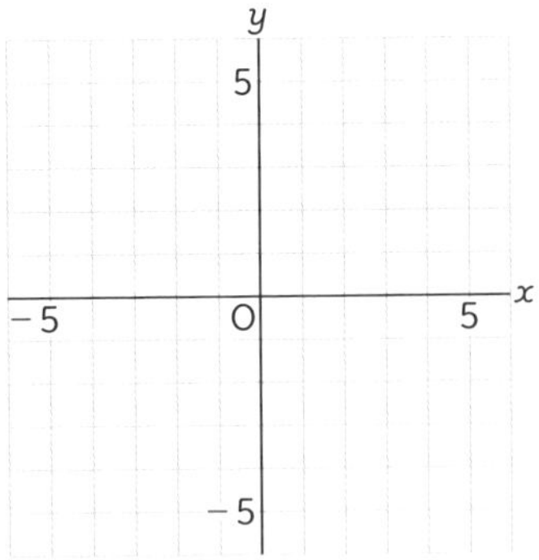

何問できた？　6問中　　問

解答 ➔ P.105

2元1次方程式とグラフ③

月　日

ここ大事！

★ $y=k$ のグラフ

点$(0、k)$を通り、x 軸《じく》に平行な直線になる。

★ $x=h$ のグラフ

点$(h、0)$を通り、y 軸に平行な直線になる。

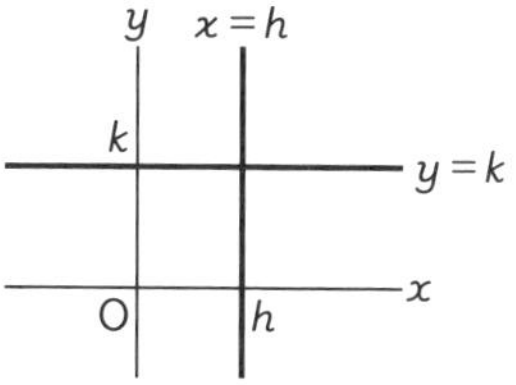

1 次の問いに答えましょう。

(1)　方程式 $3y-15=0$ を、y について解いて、グラフを右の図にかきましょう。

〔　　　　　　〕

(2)　方程式 $4x+16=0$ を、x について解いて、グラフを右の図にかきましょう。

〔　　　　　　〕

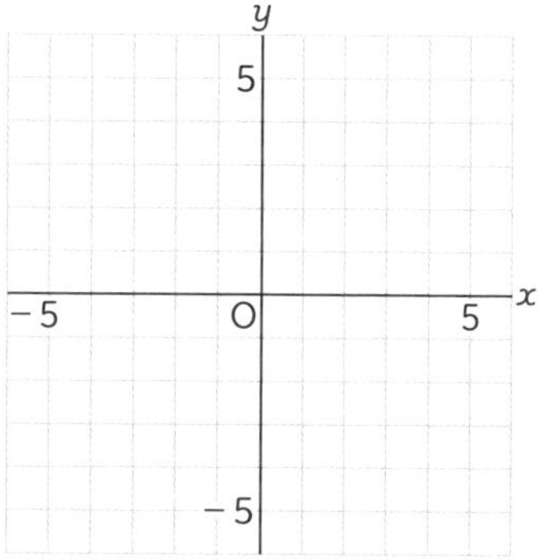

2 次の方程式のグラフを右の図にかきましょう。

(1)　$3y=9$

(2)　$2x-8=0$

(3)　$-y-4=0$

(4)　$14+7x=0$

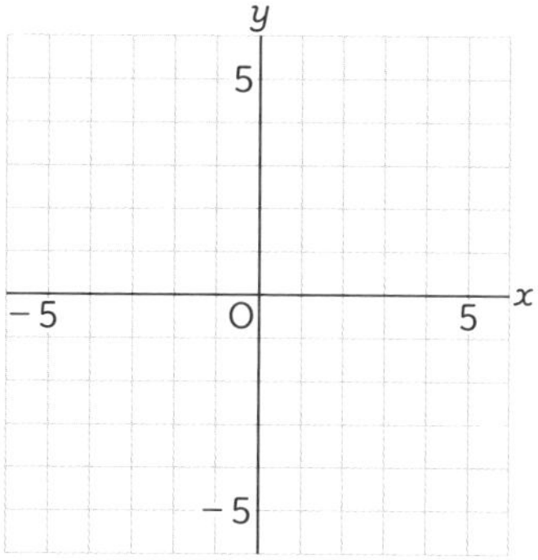

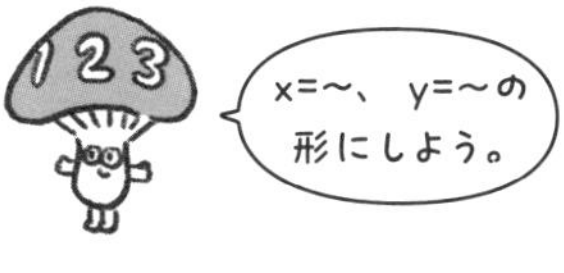

36 連立方程式とグラフ

月　日

ここ大事！

★連立方程式の解とグラフ

例　連立方程式 $\begin{cases} x-y=-1 & \cdots① \\ 2x+y=4 & \cdots② \end{cases}$ の解

を求める。

解　直線①、②の交点は、右の図のグラフより、(1、2)

よって、この連立方程式の解は、

$x=1$、$y=2$

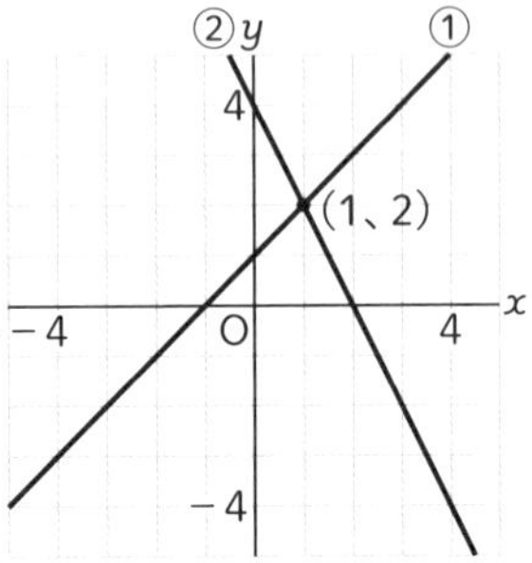

★2直線の交点の座標の求め方

2直線の式を連立方程式とみて解き、求めた解が交点の座標になる。

1 次の連立方程式の解を、グラフをかいて求めましょう。

やってみよう

(1) $\begin{cases} x+3y=-6 & \cdots① \\ 2x+y=3 & \cdots② \end{cases}$

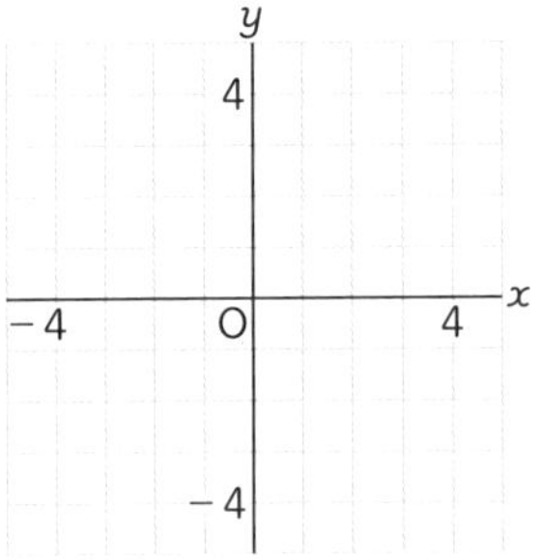

〔　　　　　　〕

(2) $\begin{cases} 3x+2y=1 & \cdots① \\ 3x-y=-5 & \cdots② \end{cases}$

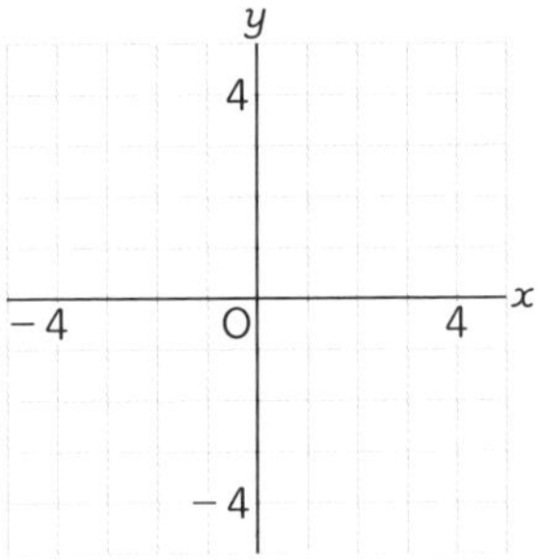

〔　　　　　　〕

何問できた？

2問中　　問

37 1次関数のグラフの利用

月　日

グラフの利用

例　Aの速さは、

600÷10＝60(m/分)←グラフの傾き

Aが出発して15分後に、出発点から900m進んだ地点で、BがAに追いつく。←AとBの交点の座標(15、900)

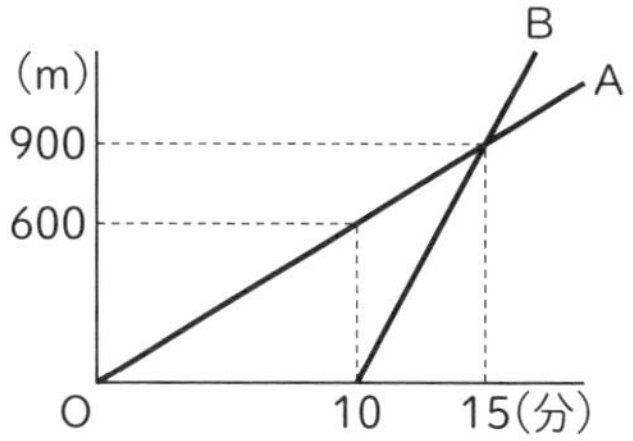

1 弟は、スタート地点から1周5kmのジョギングコースを、途中の公園で休《きゅう》憩《けい》をはさんで1周走りました。右の図は、弟がスタート地点から出発してx分後に$y$km進んだとして、xとyの関係を表したものです。次の問いに答えましょう。

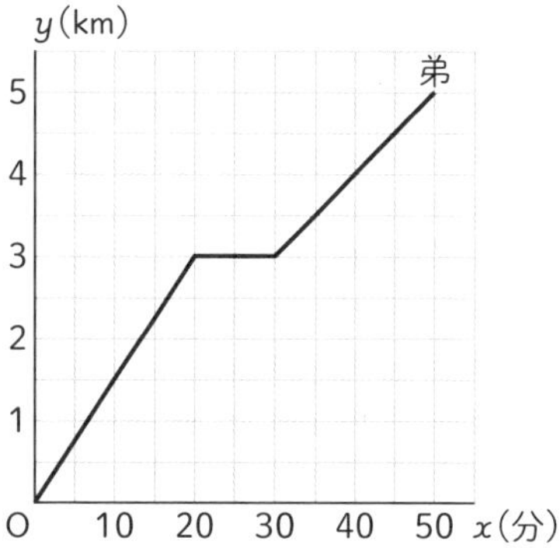

(1)　公園で休憩したのは何分間ですか。　〔　　　　〕

(2)　休憩後の弟の進むようすについて、xとyの関係を式に表しましょう。

〔　　　　〕

(3)　姉は、弟が出発してから20分後にスタート地点を出発して、弟が1周し終える5分前に1周し終わりました。姉の進むようすを表すグラフを、上の図にかきましょう。

(4)　姉が弟に追いつくのは、弟が出発してから何分後ですか。また、それはスタート地点から何kmの地点ですか。

追いつく時間〔　　　　〕　追いつく地点〔　　　　〕

解答➔P.106

何問できた?　5問中　　問

38　1次関数と図形

月　日

ここ大事!

★図形上を動く点と面積

例　右の正方形ABCDの辺上を、点PはBからC、Dを通ってAまで動く。点PがBから$x$cm動いたときの△ABPの面積を$y$cm^{2}とする。点Pがそれぞれの辺上にあるとき、xとyの関係を式に表す。

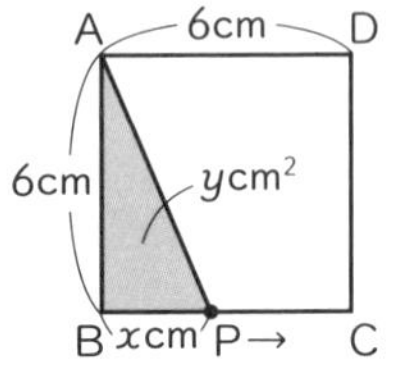

・辺BC上

$y=3x$

$(0≦x≦6)$

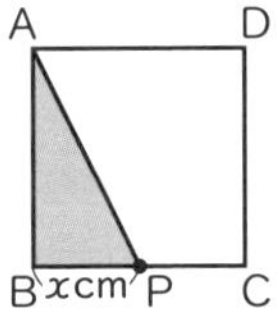

・辺CD上

$y=18$

$(6≦x≦12)$

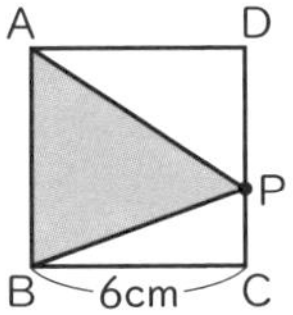

・辺DA上

$y=-3x+54$

$(12≦x≦18)$

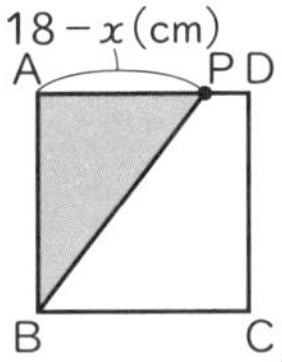

1　**右の図の長方形ABCDで、点Pは毎秒1cmの速さで、AからB、Cを通ってDまで動きます。点PがAを出発してx秒後の△ADPの面積を$y$cm^{2}とするとき、次の問いに答えましょう。**

やってみよう

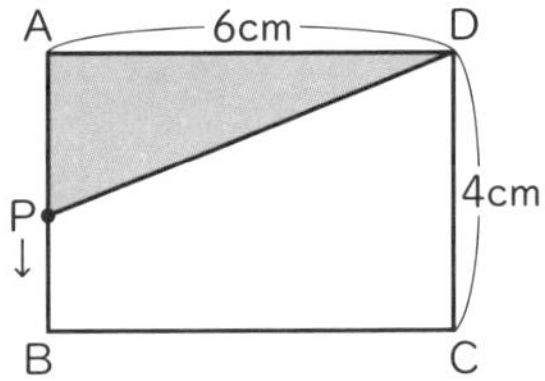

(1)　点Pが辺AB上にあるとき、xとyの関係を式に表し、xの変域も書きましょう。

式〔　　　　　〕　変域〔　　　　　〕

(2)　点Pが辺BC上にあるとき、xとyの関係を式に表し、xの変域も書きましょう。

式〔　　　　　〕　変域〔　　　　　〕

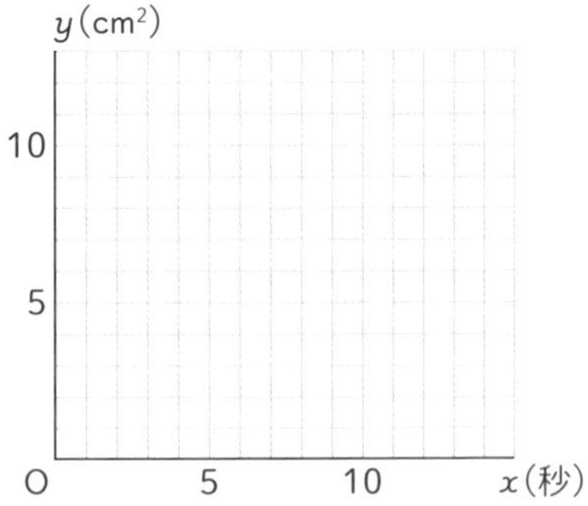

(3)　点PがAからDまで動くときのxとyの関係を表すグラフを、右の図にかきましょう。

解答➔P.106

何問できた?　5問中　　問

39 確認問題3

うでだめし やってみよう

表裏10分!

月　日

1 右のア〜エの式で表される関数のうち、次の(1)〜(3)のそれぞれにあてはまるものをすべて選びましょう。

ア	$y=2x-2$	イ	$y+2=0$
ウ	$y=-\dfrac{2}{x}$	エ	$y=-2x$

［7点×3］

(1) y は x の1次関数である。

［　　　　］

(2) グラフが点$(0、-2)$を通る。

［　　　　］

(3) グラフが x 軸に平行である。

［　　　　］

2 次の1次関数の式を求めましょう。 ［7点×4］

(1) グラフが、点$(-4、7)$を通り、傾きが$-\dfrac{1}{2}$の直線である。

［　　　　　　］

(2) $x=3$ のとき $y=0$ で、x の増加量が3のとき y の増加量が4である。

［　　　　　　］

(3) グラフが、2点$(3、9)$、$(5、13)$を通る直線である。

［　　　　　　］

(4) x が3増加すると y は1減少し、グラフは点$(1、-2)$を通る直線である。

［　　　　　　］

裏面に続くよ

3 右の図の直線の式を求めましょう。

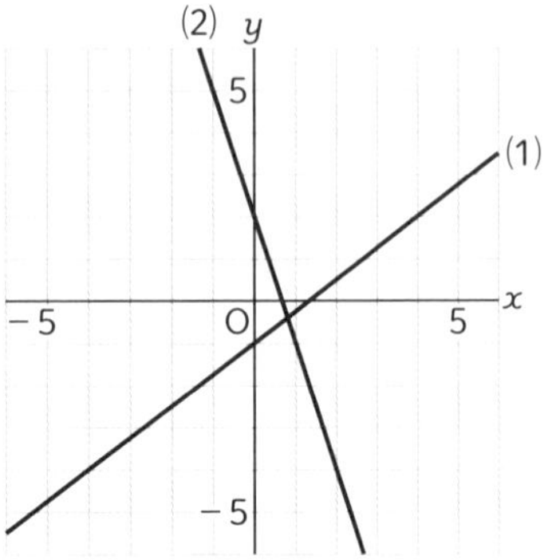

［7点×2］

(1) 〔　　　　　　〕

(2) 〔　　　　　　〕

4 次の方程式のグラフをかきましょう。

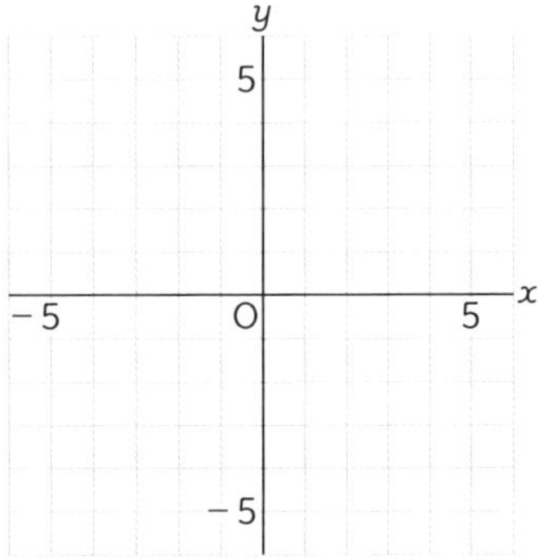

［7点×3］

(1) $2x-y=1$

(2) $4x+5y-10=0$

(3) $18+6x=0$

5 右の図で、直線 ℓ の式は $y=-x+3$、直線 m は 2 点 $(-3、0)$、$(0、6)$ を通る直線です。直線 ℓ と直線 m の交点をPとするとき、次の問いに答えましょう。

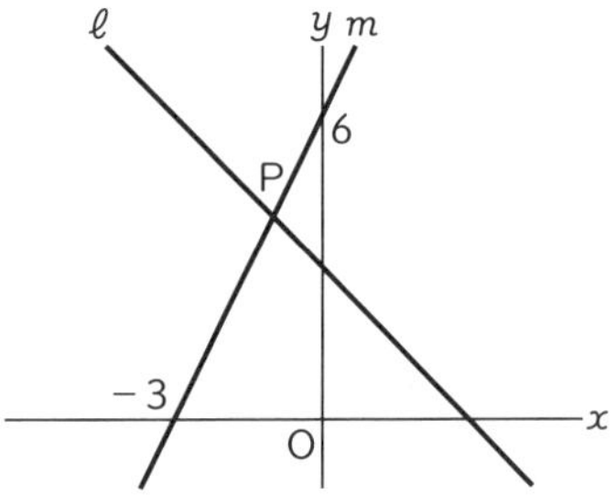

［8点×2］

(1) 直線 m の式を求めましょう。

〔　　　　　　〕

(2) 点Pの座標を求めましょう。

〔(　　　、　　　)〕

解答 ➜ P.107

何点とれた？

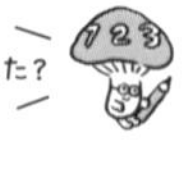

点

40 対頂角、同位角、錯角

月　　日

★ 対頂角、同位角、錯角

- 対頂角《たいちょうかく》…2 つの直線が交わるとき向かい合っている角。
  対頂角は等しい。
- 同位角《どういかく》…2 つの直線に 1 つの直線が交わってできる角のうち、∠a と ∠c のような位置にある角。

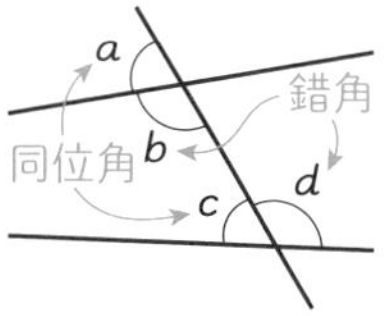

- 錯角《さっかく》…2 つの直線に 1 つの直線が交わってできる角のうち、∠b と ∠d のような位置にある角。

1 右の図で、次にあてはまる角を答えましょう。

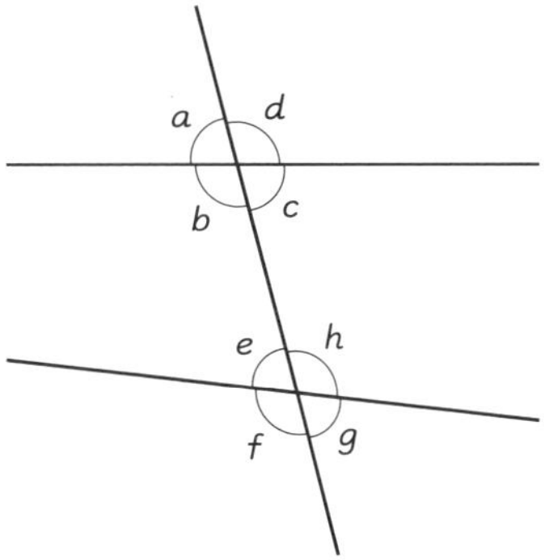

(1) ∠a の対頂角〔　　　〕

(2) ∠f の対頂角〔　　　〕

(3) ∠c の同位角〔　　　〕

(4) ∠h の同位角〔　　　〕

(5) ∠b の錯角〔　　　〕

(6) ∠e の錯角〔　　　〕

2 右の図で、次の角の大きさを求めましょう。

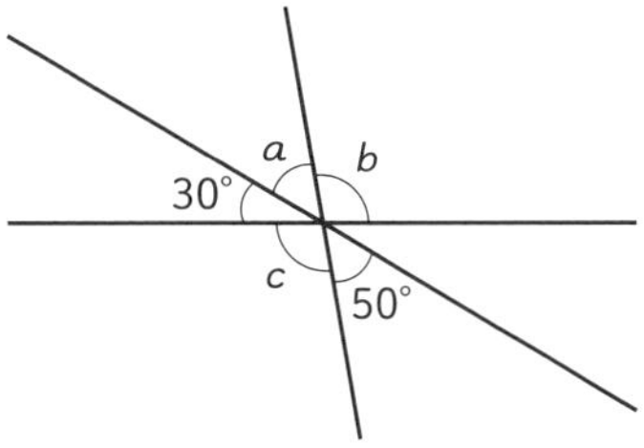

(1) ∠a〔　　　〕

(2) ∠b〔　　　〕

(3) ∠c〔　　　〕

解答 ➔ P.107

何問できた?　9問中　　問

41 平行線の性質

月　　日

★平行線の性質

●平行な 2 直線に 1 つの直線が交わるとき、
同位角・錯角は等しい。

例　右の図で、$\ell /\!/ m$ ならば、
$\angle a = \angle c$、$\angle b = \angle c$

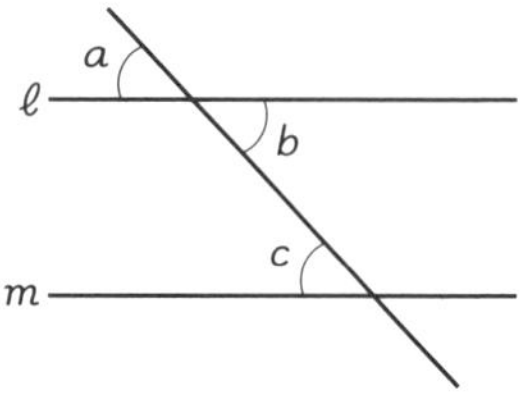

1 次の図で、$\ell /\!/ m$ のとき、$\angle x$ の大きさを求めましょう。

(1)

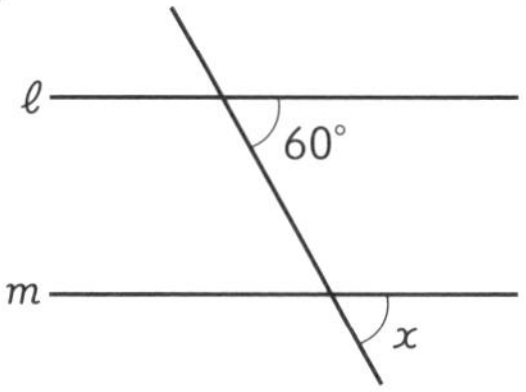

(2)

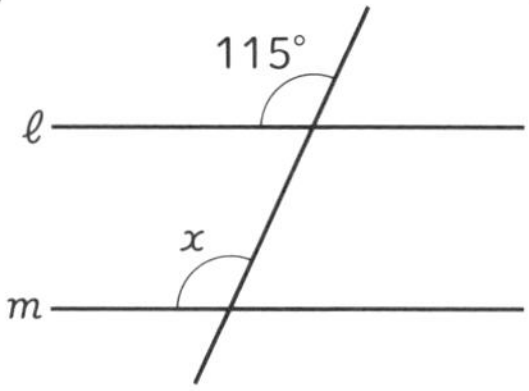

(3)

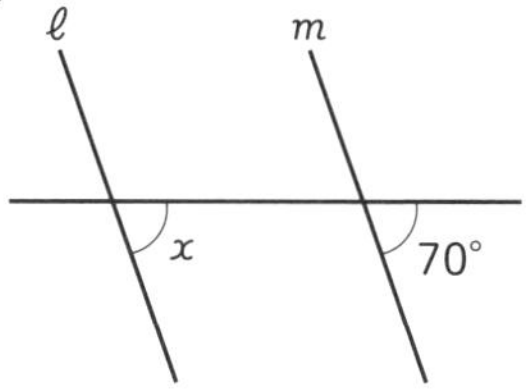

〔　　　　〕　〔　　　　〕　〔　　　　〕

2 次の図で、$\ell /\!/ m$ のとき、$\angle x$ の大きさを求めましょう。

(1)

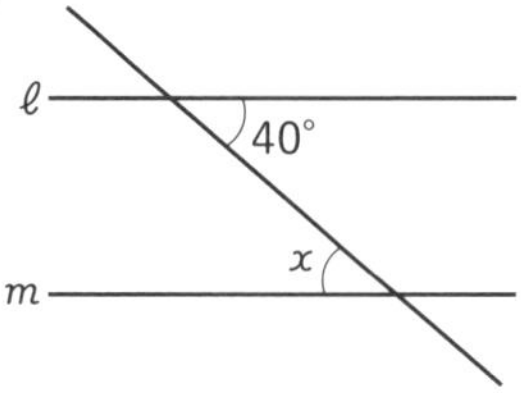

(2)

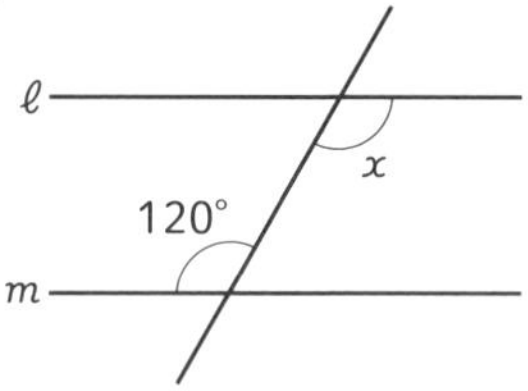

(3)

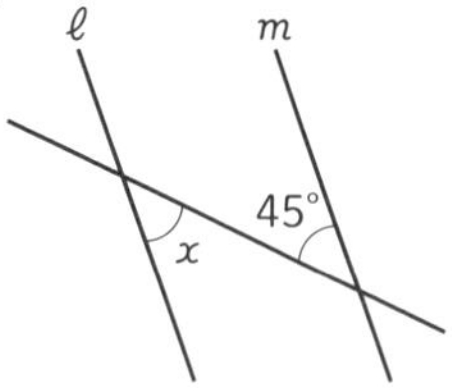

〔　　　　〕　〔　　　　〕　〔　　　　〕

解答 ➔ P.108

何問できた?

6問中　　問

42 平行線になるための条件

月　　日

ここ大事!

★平行線になるための条件

●2直線に1つの直線が交わるとき、同位角または錯角が等しければ、2直線は平行になる。

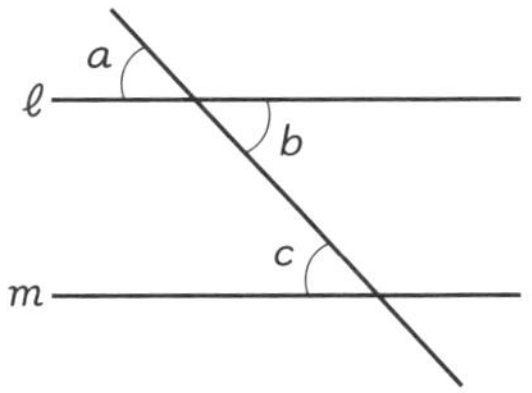

例　右の図で、

$\angle a = \angle c$ または $\angle b = \angle c$ ならば、$\ell /\!/ m$

やってみよう

1 次の図で、2直線 ℓ と m が平行であるかどうかを調べ、平行であるものは○を、平行でないものは×を、〔　　〕の中にかきましょう。

(1)

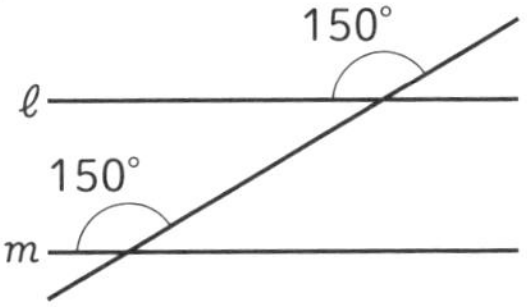

〔　　　　〕

(2)

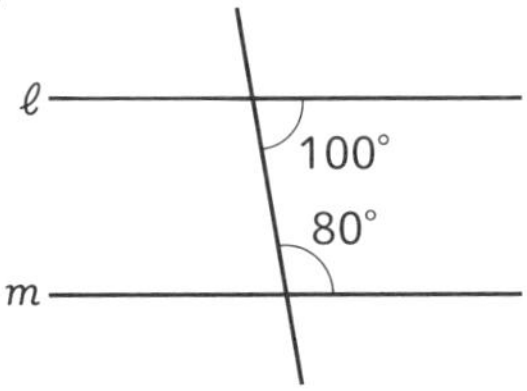

〔　　　　〕

(3)

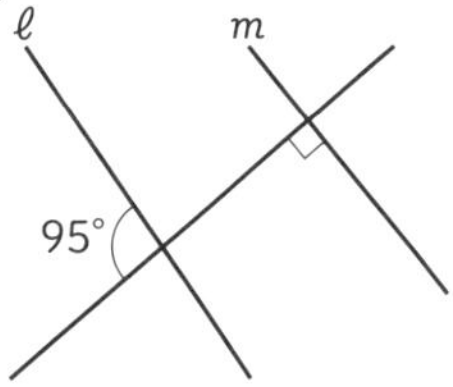

〔　　　　〕

2 次の図の a ～ e のうち、平行な直線はどれとどれですか。すべて選び、記号 $/\!/$ を使って表しましょう。

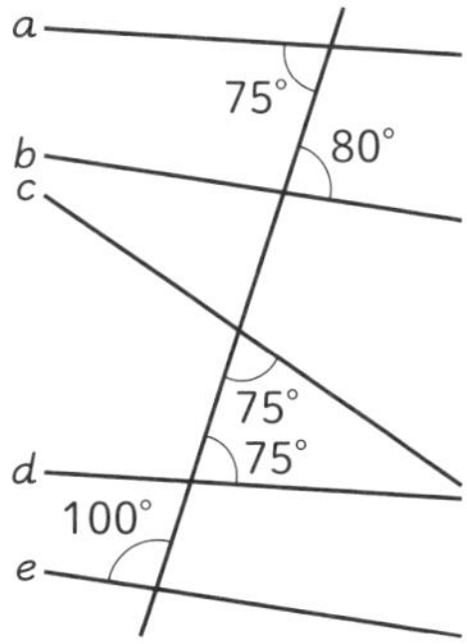

〔　　　　　　　　〕

解答 ➔ P.108

何問できた?　4問中　　問

43 三角形の内角と外角

月　日

三角形の内角と外角、鋭角、鈍角

- 三角形の内角の和は180°
- 三角形の 1 つの外角は、それととなりあわない 2 つの内角の和に等しい。

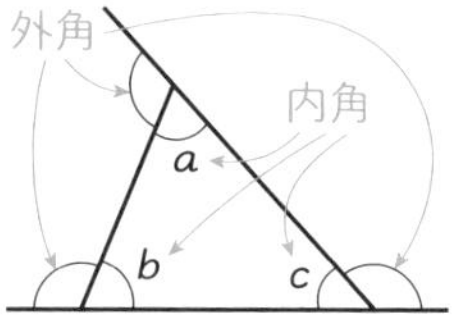

$\angle a + \angle b + \angle c = 180^\circ$

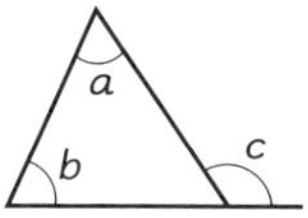

$\angle c = \angle a + \angle b$

- 鋭角《えいかく》…0° より大きく 90° より小さい角。
- 直角…90° の角。
- 鈍角《どんかく》…90° より大きく 180° より小さい角。

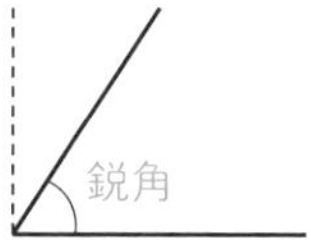

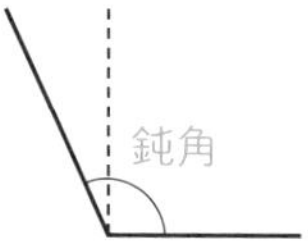

1 次の図で、$\angle x$ の大きさを求めましょう。

(1)

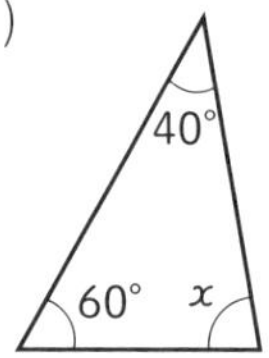

(2)

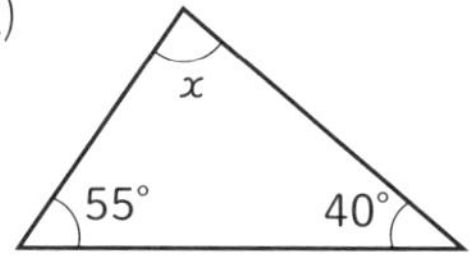

(3)

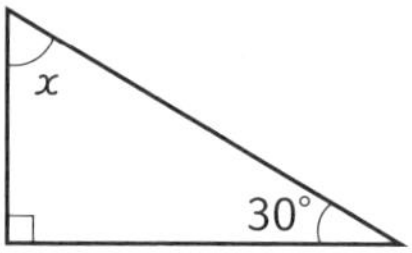

(4)

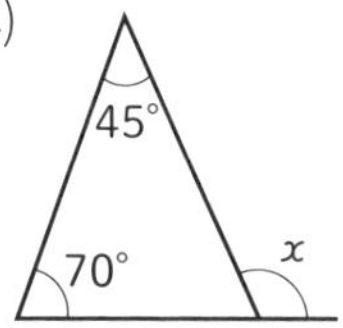

(5)

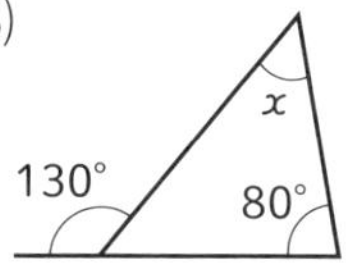

(6)

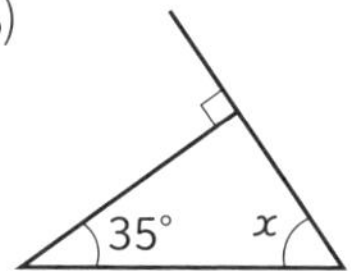

2 次の図で示された角度は、鋭角、直角、鈍角のどれになるか答えましょう。

(1)

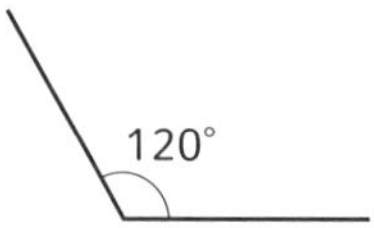

(2)

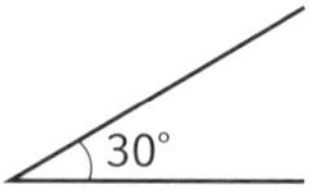

解答→P.108

何問できた？　8問中　　問

44 多角形の内角の和

月　　日

★ n 角形の内角の和…$180° \times (n-2)$

●n 角形は、1つの頂点からひいた対角線によって、
$n-2$(個)の三角形に分けられる。
三角形の内角の和は180°だから、
n 角形の内角の和は、$180° \times (n-2)$になる。

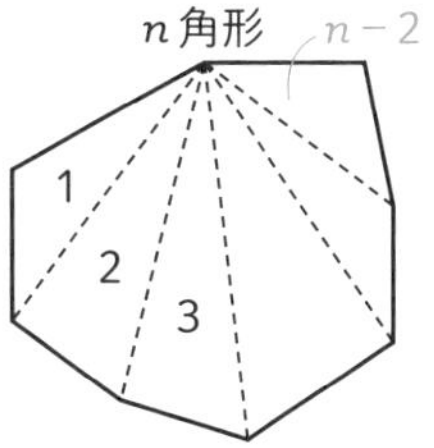

1 次の問いに答えましょう。

(1)　七角形の内角の和を求めましょう。

〔　　　　　　〕

(2)　十角形の内角の和を求めましょう。

〔　　　　　　〕

(3)　正九角形の1つの内角の大きさを求めましょう。

〔　　　　　　〕

(4)　正十二角形の1つの内角の大きさを求めましょう。

〔　　　　　　〕

2 次の図で、$\angle x$の大きさを求めましょう。

(1)

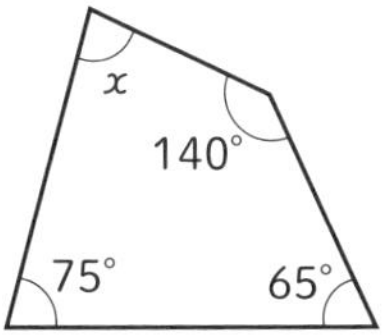

(2)

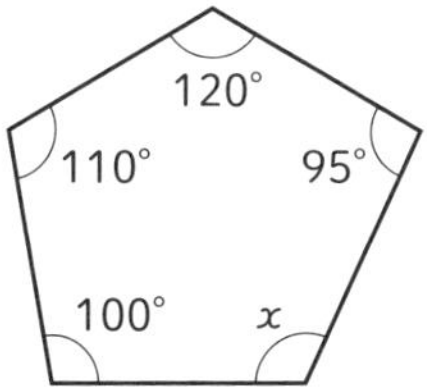

(3)

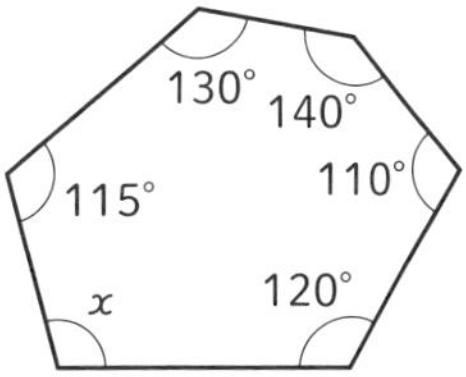

〔　　　　　　〕　〔　　　　　　〕　〔　　　　　　〕

45 多角形の外角の和

月　　日

★n 角形の外角の和…つねに360°

例　五角形の外角の和は、

$\angle a+\angle b+\angle c+\angle d+\angle e=360^\circ$

五角形の外角の和

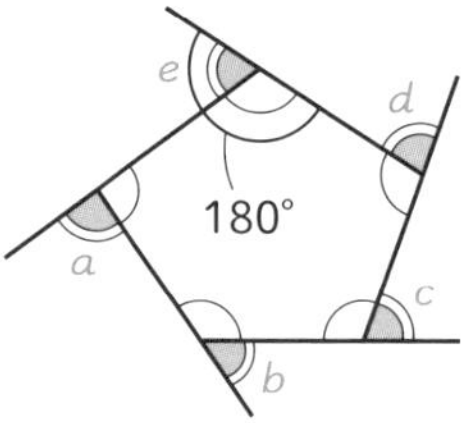

1 次の図で、∠xの大きさをそれぞれ求めましょう。

(1)

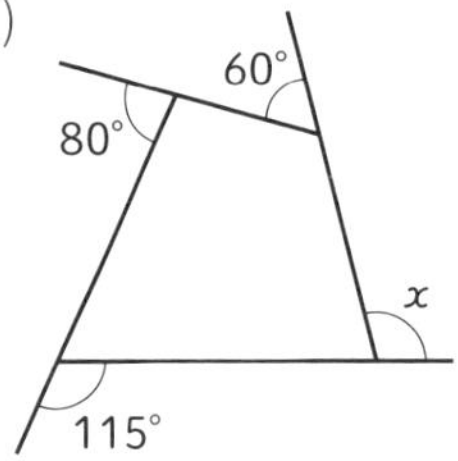

〔　　　　〕

(2)

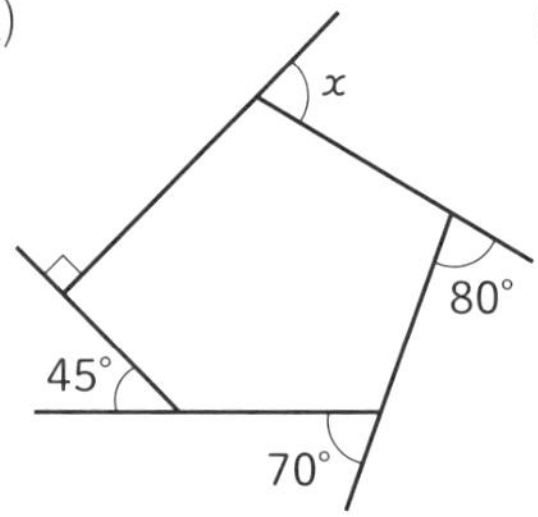

〔　　　　〕

(3)

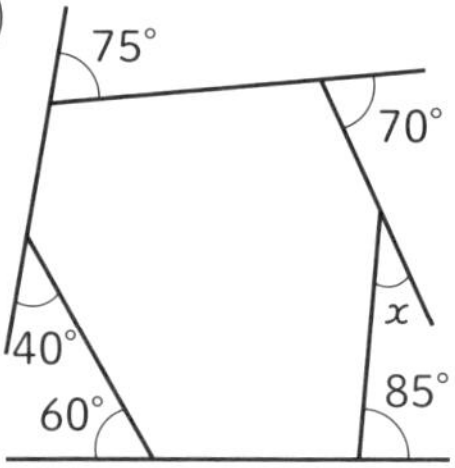

〔　　　　〕

2 次の問いに答えましょう。

(1)　八角形の外角の和を求めましょう。

〔　　　　〕

(2)　正八角形の１つの外角の大きさを求めましょう。

〔　　　　〕

(3)　正十五角形の１つの外角の大きさを求めましょう。

〔　　　　〕

(4)　１つの外角の大きさが40°になるのは正何角形か求めましょう。

〔　　　　〕

解答➡P.108

何問できた?

7問中　　　問

46 合同な図形

月　日

ここ大事！

★合同な図形の性質

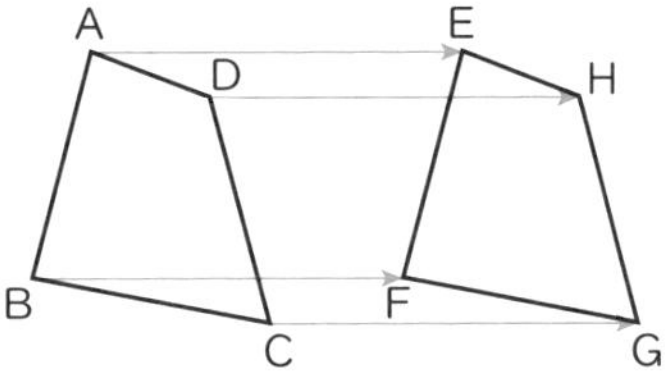

●四角形ABCDを移動させることによって四角形EFGHに重ね合わせることができるとき、四角形ABCDと四角形EFGHは合同であるといい、記号≡を使って四角形ABCD≡四角形EFGHと表す。

●合同な図形では、

❶対応する線分の長さはそれぞれ等しい。

❷対応する角の大きさはそれぞれ等しい。

やってみよう

1 右の図で、四角形ABCD≡四角形EFGHであるとき、次の問いに答えましょう。

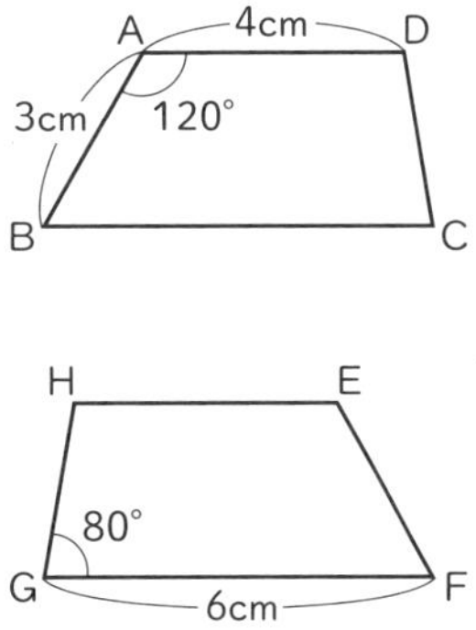

(1) 辺ABと対応する辺を答えましょう。

〔　　　　〕

(2) ∠Hに対応する角を答えましょう。

〔　　　　〕

(3) 辺BCの長さを求めましょう。

〔　　　　〕

(4) 辺EHの長さを求めましょう。

〔　　　　〕

(5) ∠Cの大きさを求めましょう。

〔　　　　〕

47 三角形の合同条件①

月　日

ここ大事!

三角形の合同条件

● 2つの三角形は、次のどれかが成り立つとき、合同である。

❶ 3組の辺がそれぞれ等しい。

AB＝DE、BC＝EF、CA＝FD

❷ 2組の辺とその間の角がそれぞれ等しい。

AB＝DE、BC＝EF、∠B＝∠E

❸ 1組の辺とその両端《りょうたん》の角がそれぞれ等しい。

BC＝EF、∠B＝∠E、∠C＝∠F

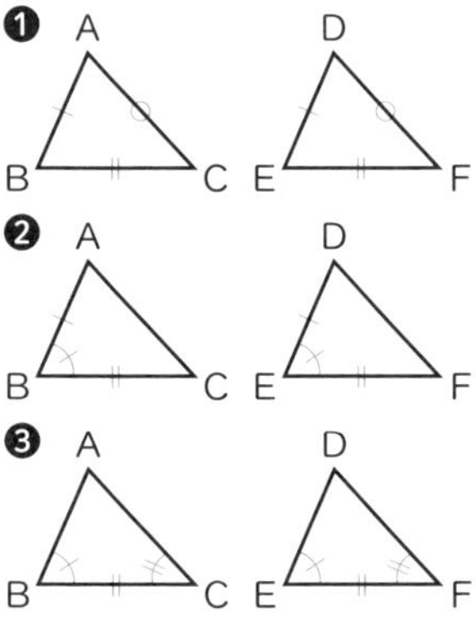

1 次の図で、(1)、(2)、(3)の2つの三角形はそれぞれ合同です。等しい辺や角の関係を式で表し、そのとき使った合同条件を書きましょう。

やってみよう

(1)

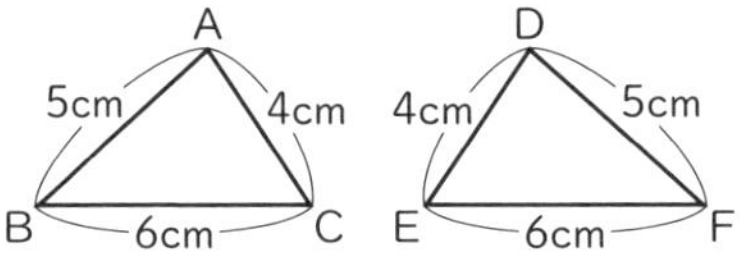

辺や角の関係〔　　　　　　　　〕

合同条件〔　　　　　　　　〕

(2)

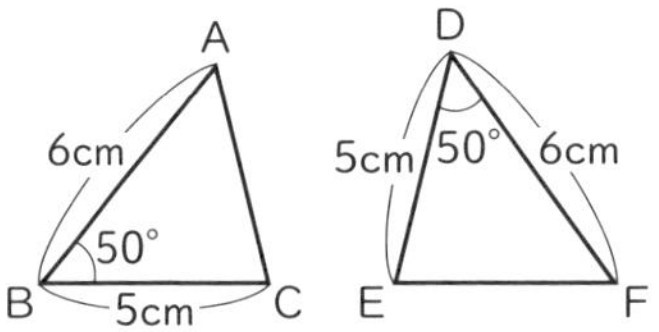

辺や角の関係〔　　　　　　　　〕

合同条件〔　　　　　　　　〕

(3)

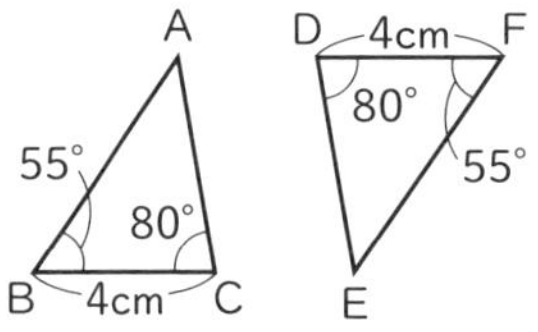

辺や角の関係〔　　　　　　　　〕

合同条件〔　　　　　　　　〕

解答➜P.109

何問できた?　6問中　　問

48 三角形の合同条件②

月　　日

★ 三角形の合同条件

❶ 3組の辺がそれぞれ等しい。

❷ 2組の辺とその間の角がそれぞれ等しい。

❸ 1組の辺とその両端の角がそれぞれ等しい。

1 次の図で、合同な三角形はどれとどれですか。記号≡を使って表しましょう。また、そのとき使った合同条件を書きましょう。

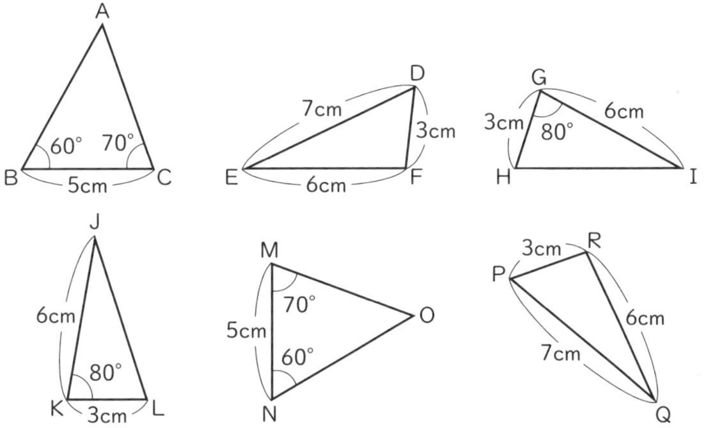

(1)　合同な三角形〔△ABC≡　　　　〕

合同条件〔　　　　〕

(2)　合同な三角形〔△DEF≡　　　　〕

合同条件〔　　　　〕

(3)　合同な三角形〔△GHI≡　　　　〕

合同条件〔　　　　〕

解答➔P.109

何問できた？　6問中　　問

49 仮定と結論

月　日

ここ大事!

★仮定と結論

●数学では、「○○○ならば、□□□」という表現を使う。このとき、「○○○」の部分を仮定、「□□□」の部分を結論という。

例 「$\triangle ABC \equiv \triangle DEF$ ならば、$AB=DE$ である。」では、「$\triangle ABC \equiv \triangle DEF$」が仮定、「$AB=DE$」が結論である。

1 次のことがらについて、仮定と結論を答えましょう。

やってみよう

(1) $\triangle ABC \equiv \triangle DEF$ ならば、$\angle A = \angle D$ である。

仮定〔　　　　　　〕　結論〔　　　　　　〕

(2) $3x-5=1$ ならば、$x=2$ である。

仮定〔　　　　　　〕　結論〔　　　　　　〕

(3) $x>y$ ならば、$x+z>y+z$ である。

仮定〔　　　　　　〕　結論〔　　　　　　〕

2 次のことがらについて、仮定と結論を答えましょう。

(1) x が 9 の倍数ならば、x は 3 の倍数である。

仮定〔　　　　　　〕　結論〔　　　　　　〕

(2) 2 直線が平行ならば、錯角は等しい。

仮定〔　　　　　　〕　結論〔　　　　　　〕

(3) $\triangle ABC$が正三角形ならば、$\triangle ABC$は二等辺三角形である。

仮定〔　　　　　　〕　結論〔　　　　　　〕

解答 ➔ P.109

何問できた?

12問中　　問

50 三角形の合同の証明①

月　　日

ここ大事！

★証明…あることがらが成り立つことを、すじ道を立てて明らかにすること。

●証明のしくみ

❶仮定から出発し、

❷根拠《こんきょ》となることがらを使い、

❸結論を導く。

仮定 ↓ 結論 ← 正しいと認められている根拠

やってみよう

1 右の図で、AB//CD、BO＝CO ならば、AO＝DO であることを証明します。このとき、次の問いに答えましょう。

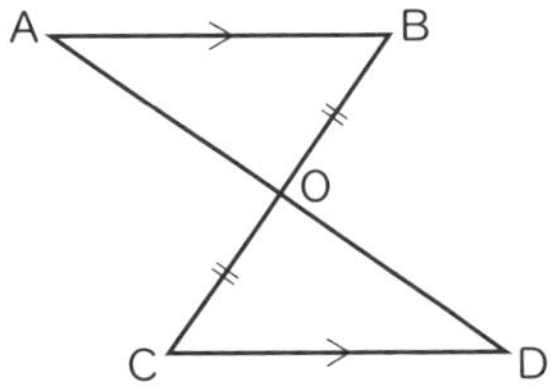

(1)　仮定と結論を答えましょう。

仮定〔　　　　　　　　〕 結論〔　　　　　　　　〕

(2) □ の中をうめて証明を完成させましょう。

（証明）　△AOBと△DOCにおいて、

仮定より、　　BO＝□　　……①

仮定より、AB//CDだから、平行線の錯角が等しいので、

∠ABO＝∠□　　……②

対頂角は等しいから、∠AOB＝∠□　　……③

①、②、③より、□がそれぞれ等しいから、

△AOB≡△DOC

合同な図形の対応する□は等しいから、AO＝DO

51 三角形の合同の証明②

★証明の根拠《こんきょ》となることがら

- 対頂角の性質（p.43）
- 平行線の性質（p.44）
- 平行線になるための条件（p.45）
- 多角形の内角、外角の性質（p.46 〜48）
- 合同な図形の性質（p.49）
- 三角形の合同条件（p.50）

1 **右の図は、AB＝AD、BC＝DC です。このとき、∠BAC＝∠DAC であることを証明します。□の中をうめて証明を完成させましょう。**

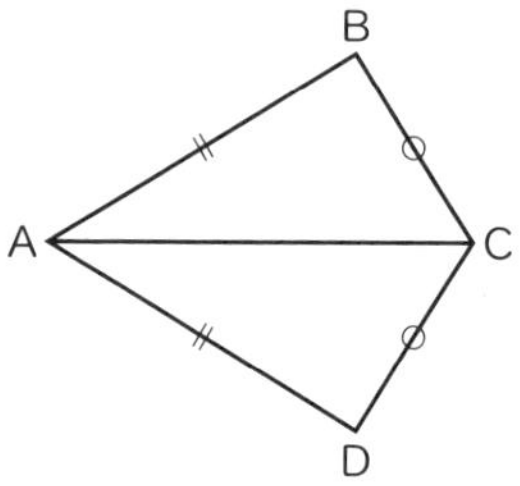

（証明）　△ABCと△ADCにおいて、

仮定より、AB＝□　……①、BC＝□　……②

共通な辺なので、AC＝□　……③

①、②、③より、□がそれぞれ等しいから、

△ABC≡△ADC

合同な図形の対応する□は等しいから、∠BAC＝∠DAC

2 **右の図の二等辺三角形ABCで、点Dは辺AB上の点、点Eは辺AC上の点で、AD＝AE です。このとき、BE＝CD であることを証明しましょう。**

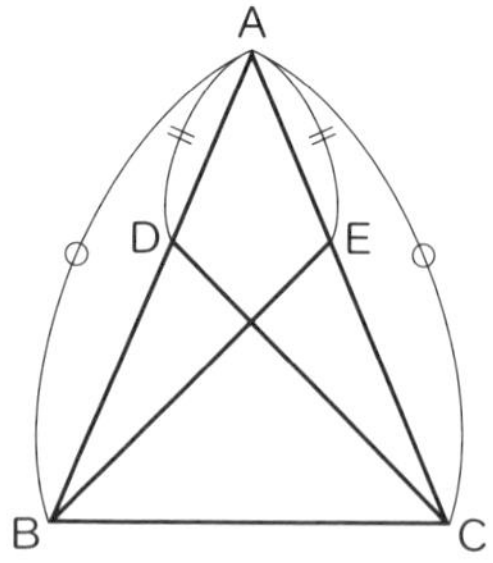

△ABEと△ACDにおいて、

52 確認問題 4

うでだめし
やってみよう

表裏
10分!

月　日

1 次の図で、$\ell /\!/ m$のとき、$\angle x$の大きさを求めましょう。 ［4点×3］

(1)
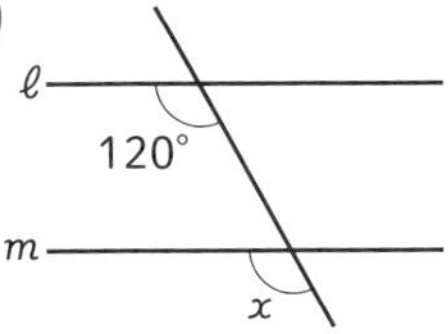

(2)
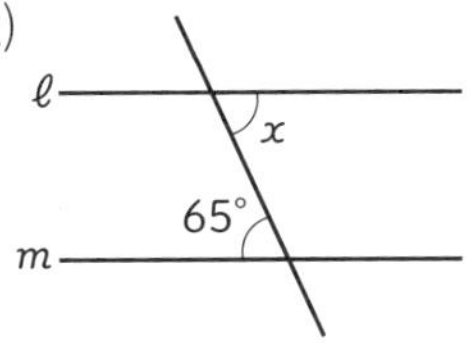

(3)
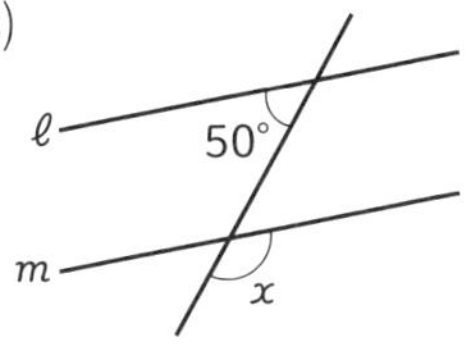

2 次の図で、$\angle x$の大きさを求めましょう。 ［6点×3］

(1)
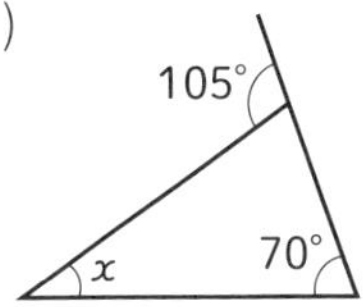

(2)
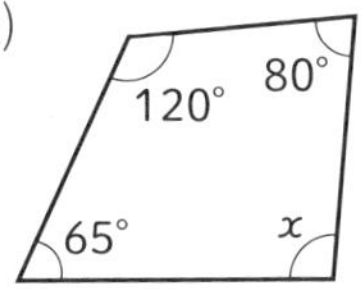

(3)
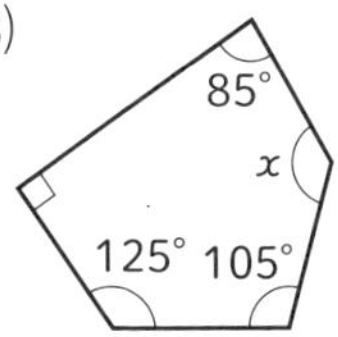

3 次の図で、$\angle x$の大きさを求めましょう。 ［6点×3］

(1)
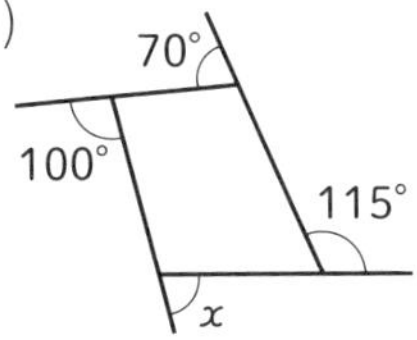

(2)
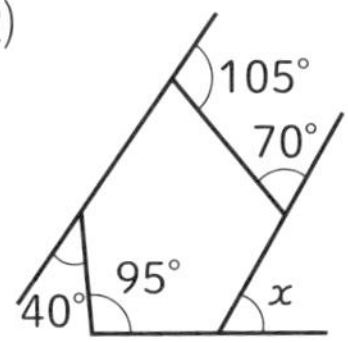

(3)
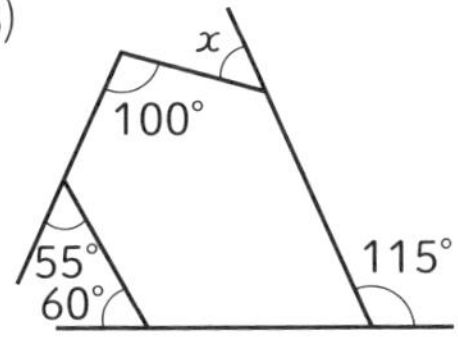

4 右の図で、四角形ABCD≡四角形EFGHであるとき、次の問いに答えましょう。 ［6点×3］

(1) 辺EFの長さを求めましょう。

(2) ∠Aの大きさを求めましょう。

(3) ∠Gの大きさを求めましょう。

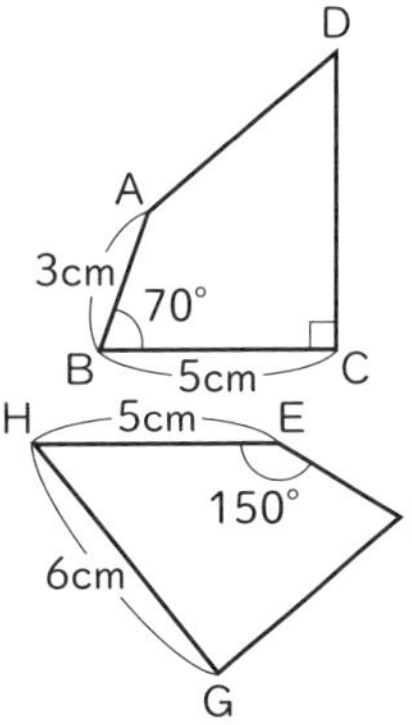

裏面に続くよ

5 次の図で、合同な三角形を記号≡を使って表し、合同条件を答えましょう。

［7点×2］

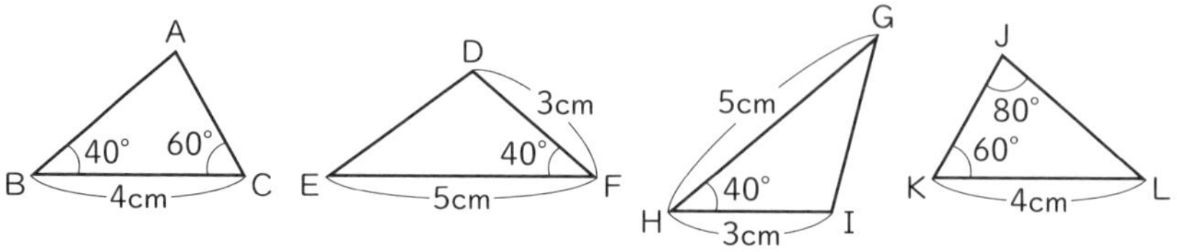

(1) 合同な三角形〔△ABC≡　　　　〕
合同条件〔　　　　〕

(2) 合同な三角形〔△DEF≡　　　　〕
合同条件〔　　　　〕

6 右の図で、AB＝DB、BC＝BE ならば、∠BAC＝∠BDE であることを証明します。このとき、次の問いに答えましょう。

［10点×2］

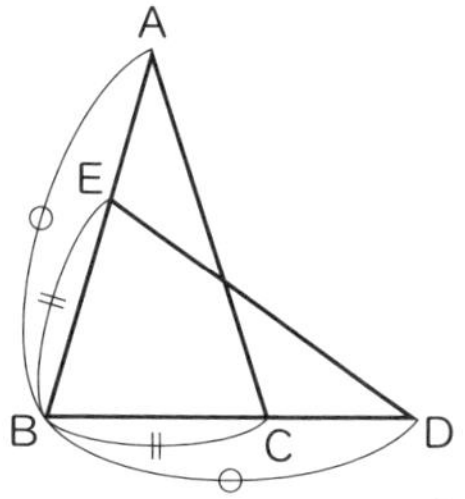

(1) 仮定と結論を答えましょう。

仮定〔　　　　〕　結論〔　　　　〕

(2) □の中をうめて証明を完成させましょう。

（証明）△ABCと△DBEにおいて、

仮定より、　AB＝□　……①

BC＝□　……②

共通な角だから、∠ABC＝∠□　……③

①、②、③より、□がそれぞれ等しいから、

△ABC≡△DBE

合同な図形の対応する□は等しいから、∠BAC＝∠BDE

何点とれた？

点

53 二等辺三角形の性質①

月　　日

★二等辺三角形の定義と性質

●定義…二等辺三角形とは、2 辺が等しい三角形のこと。

●性質①…二等辺三角形の 2 つの底角は等しい。

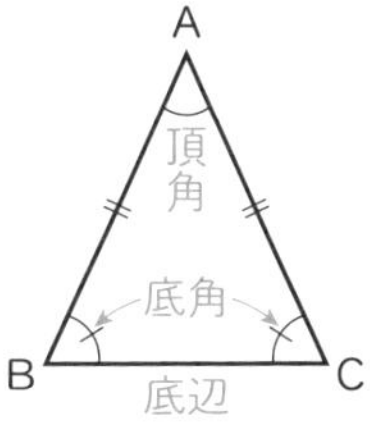

△ABCはAB＝ACの二等辺三角形

1 右の図は、AB＝ACの二等辺三角形ABCです。次の問いに答えましょう。

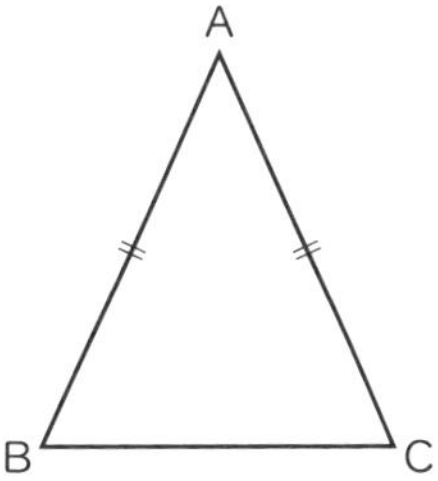

(1)　AB＝7 cmのとき、辺ACの長さを求めましょう。

〔　　　　　　〕

(2)　∠B＝65°のとき、∠Cの大きさを求めましょう。

〔　　　　　　〕

(3)　(2)のとき、∠Aの大きさを求めましょう。

〔　　　　　　〕

2 下のそれぞれの図で、同じ印をつけた辺は等しいとして、∠xの大きさを求めましょう。

(1)

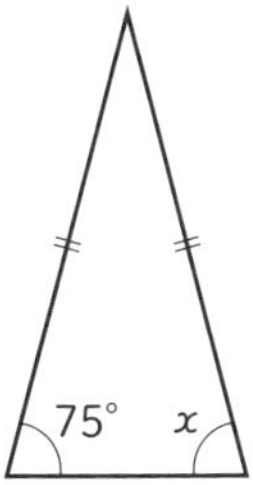

(2)

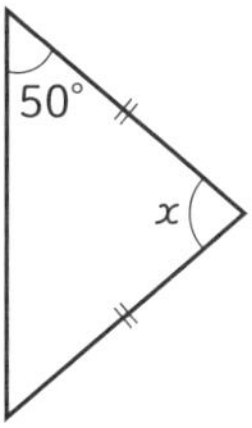

(3)

〔　　　　　　〕　〔　　　　　　〕　〔　　　　　　〕

54 二等辺三角形の性質②

月　日

★二等辺三角形の性質

●性質②…二等辺三角形の頂角の二等分線は、
底辺を垂直に2等分する。

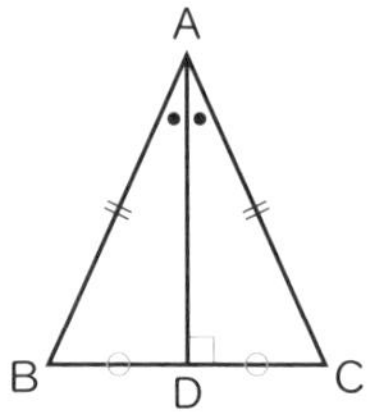

1 右の図はAB＝ACの二等辺三角形ABCで、ADは頂角∠Aの二等分線です。AB＝7 cm、BC＝6 cm、∠CAD＝25°のとき、次の問いに答えましょう。

(1) 辺ACの長さを求めましょう。〔　　　　〕

(2) ∠Bの大きさを求めましょう。〔　　　　〕

(3) ∠ADBの大きさを求めましょう。〔　　　　〕

(4) 線分BDの長さを求めましょう。〔　　　　〕

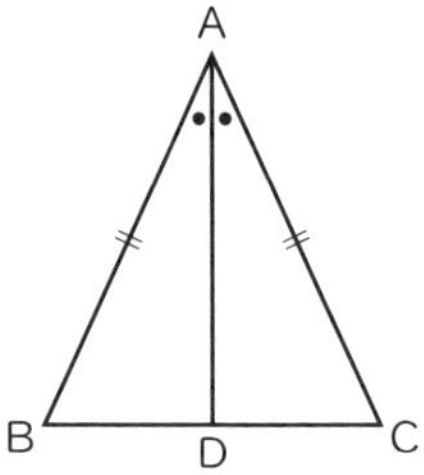

2 右の図はAB＝ACの二等辺三角形ABCで、頂角∠Aの二等分線をひき、底辺BCとの交点をDとします。このとき、AD⊥BC、BD＝CDであることを証明しましょう。

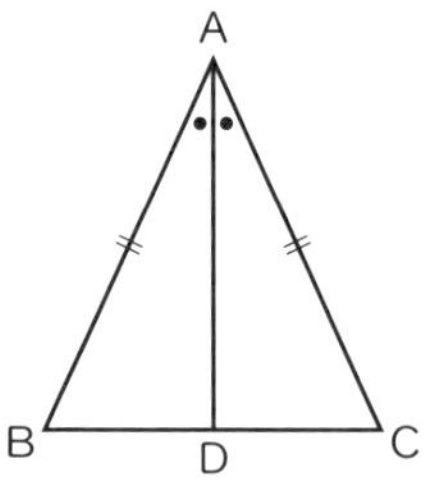

〔△ABDと△ACDにおいて、

〕

55 二等辺三角形になるための条件

月　日

ここ大事！

★二等辺三角形になるための条件

●三角形の 2 つの角が等しければ、その三角形は、等しい 2 つの角を底角とする二等辺三角形である。

例　右の図の△ABCで、∠B＝∠Cならば、AB＝ACの二等辺三角形である。

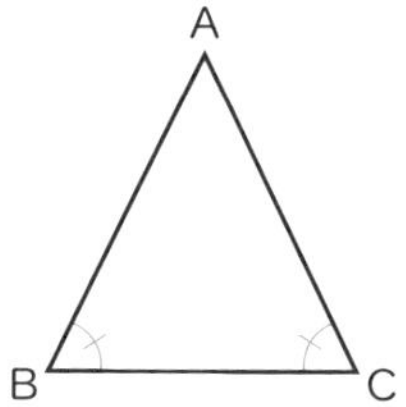

やってみよう

1 △ABCで、∠B＝∠Cであるとき、△ABCは二等辺三角形であることを証明します。□の中をうめて証明を完成させましょう。

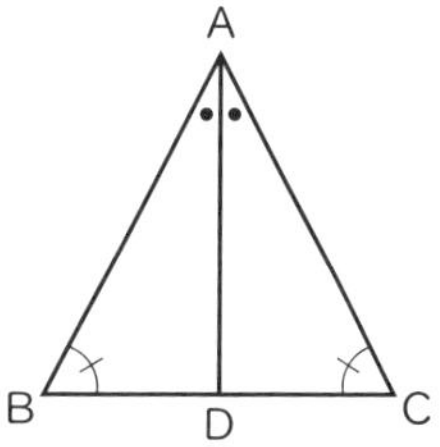

（証明）　∠Aの二等分線と辺BCとの交点をDとする。

△ABDと△ACDにおいて、

仮定より、

∠B＝∠□　……①

∠BAD＝∠□　……②

①、②より、三角形の 3 つの角のうち 2 つの角が等しければ残りの角も等しいから、

∠ADB＝∠□　……③

共通な辺は等しいから、AD＝□　……④

②、③、④より、□がそれぞれ等しいから、

△ABD≡△ACD

合同な図形の対応する□は等しいから、AB＝AC

したがって、△ABCは二等辺三角形である。

解答➜P.111

何問できた？　6問中　問

56 逆と反例

月　　日

ここ大事！

★逆、反例

●あることがらの仮定と結論を入れかえたものを、そのことがらの**逆**という。
あることがらが正しくても、その逆がいつでも正しいとは限らない。

○○○ならば、□□□
↕ 逆
□□□ならば、○○○

●あることがらが正しいことを示すには、それを証明し、正しくないことを示すには、正しくない例(**反例**)をあげればよい。

例 「$x^2=1$ ならば、$x=1$」➜ $x=-1$ が反例であり、正しくない。

やってみよう

1 次のことがらの逆を書きましょう。

(1) $a>0$、$b>0$ ならば、$ab>0$ である。

〔　　　　　　　　　　〕

(2) △ABCと△DEFで、△ABC≡△DEF ならば、∠C＝∠F である。

〔△ABCと△DEFで、　　　　　　　　　　〕

2 次のことがらの逆を書きましょう。また、書いた逆が正しい場合は○を、正しくない場合は×を書きましょう。さらに、正しくない場合には反例を書きましょう。

(1) $x=3$、$y=-5$ ならば、$x+y=-2$ である。

逆〔　　　　　　　　　　〕

○か×〔　　　〕 反例〔　　　　　　　　　　〕

(2) △ABCで、∠A＋∠C＝90° ならば、∠B＝90° である。

逆〔△ABCで、　　　　　　　　　　〕

○か×〔　　　〕 反例〔　　　　　　　　　　〕

解答 ➜ P.111

何問できた？ 8問中　　問

57 直角三角形の合同条件

月　日

ここ大事！

★直角三角形の合同条件

● 2つの直角三角形は、次のどれかが成り立つとき、合同である。

❶斜辺《しゃへん》と1つの鋭角がそれぞれ等しい。

∠C＝∠F＝90°、

AB＝DE、∠B＝∠E

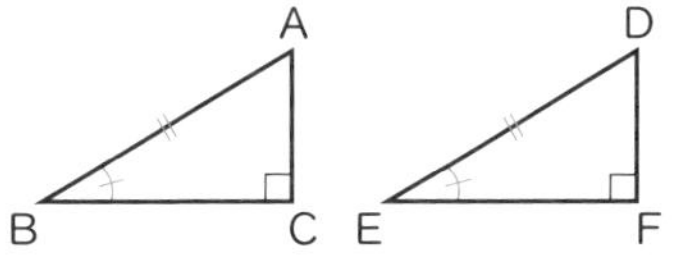

❷斜辺と他の1辺がそれぞれ等しい。

∠C＝∠F＝90°、

AB＝DE、AC＝DF

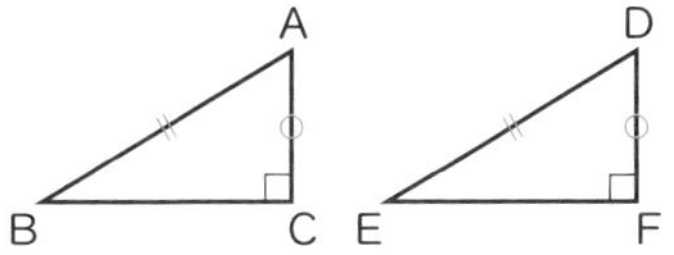

1 次の図で、合同な直角三角形の組を2組みつけ、記号≡を使って表しましょう。また、そのとき使った合同条件を書きましょう。

やってみよう

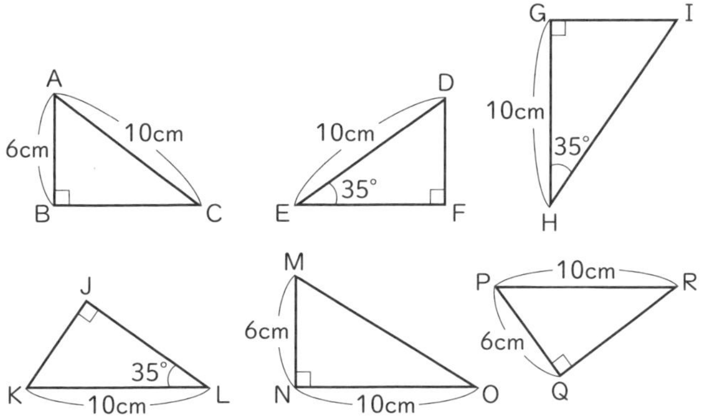

(1) 合同な三角形〔△ABC≡　〕

合同条件〔　〕

(2) 合同な三角形〔△DEF≡　〕

合同条件〔　〕

58 直角三角形の合同の証明

月　　日

1 右の図のように、∠C＝90°の直角三角形ABCの辺AC上に点Eをとり、点Eから辺ABに垂線EDをひくと、BC＝BDになりました。このとき、BEは∠Bの二等分線であることを証明します。[　　]の中をうめて証明を完成させましょう。

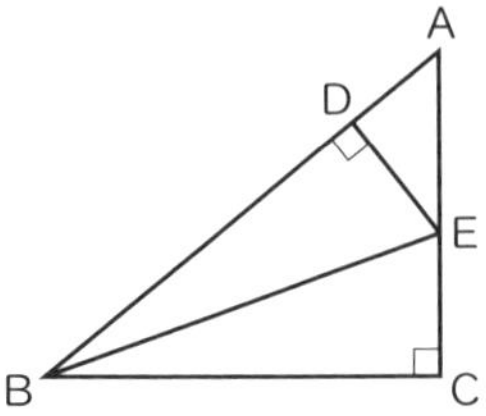

（証明）　△BCEと△BDEにおいて、

仮定より、∠BCE＝∠[　　]＝90°　……①

BC＝[　　]　……②、BE＝[　　]　（共通）……③

①、②、③より、直角三角形の[　　]がそれぞれ等しいから、

△BCE≡△BDE

合同な図形の対応する[　　]は等しいから、∠CBE＝∠DBE

すなわち、BEは∠Bの二等分線である。

2 右の図は、AB＝ACの二等辺三角形ABCです。頂点B、Cから辺AC、辺ABに垂線BD、CEをひきます。このとき、BD＝CEであることを証明しましょう。

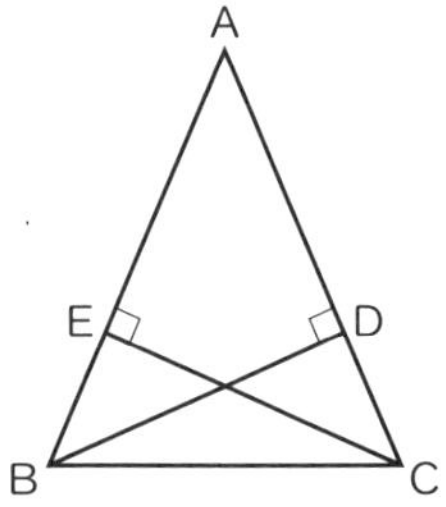

△ABDと△ACEにおいて、

解答➜P.111

何問できた？

6問中　　問

59 確認問題5

うでだめし やってみよう

表裏10分!

月　日

1 下の図で、同じ印をつけた辺は等しいとして、$\angle x$ の大きさを求めましょう。 ［5点×3］

(1)

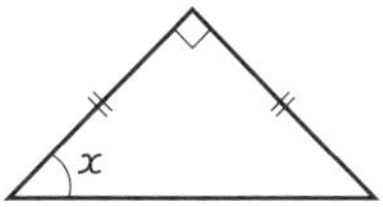

(2)

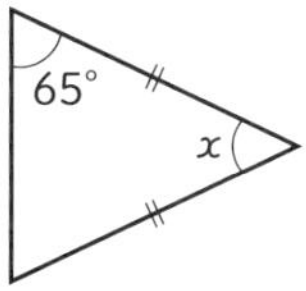

(3)

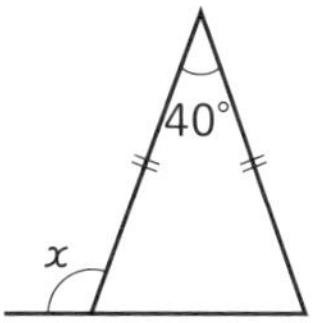

［　　　　］　［　　　　］　［　　　　］

2 右の図は AB＝AC の二等辺三角形ABCで、ADは頂角 $\angle$A の二等分線です。AB＝8cm、BC＝6cm のとき、$\angle x$ の大きさと、y、z の値《あたい》をそれぞれ求めましょう。 ［5点×3］

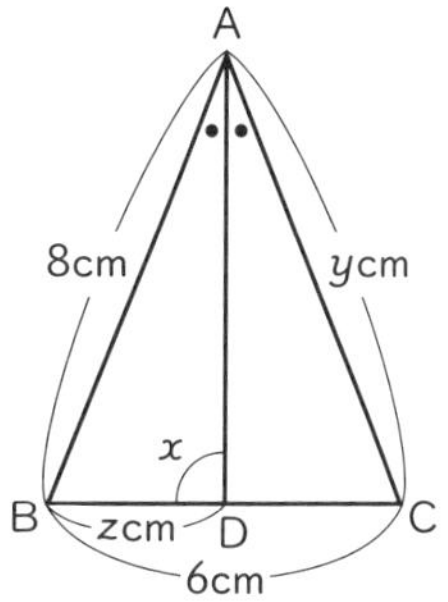

$\angle x$＝［　　　　］

y＝［　　　　］　z＝［　　　　］

3 次のことがらの逆を書きましょう。また、書いた逆が正しい場合は○を、正しくない場合は×を書きましょう。さらに、正しくない場合には反例を書きましょう。 ［12点×2］

(1)　$x>0$、$y<0$ ならば、$xy<0$ である。

逆［　　　　］

○か×［　　］　反例［　　　　］

(2)　△ABCが正三角形ならば、△ABCは二等辺三角形である。

逆［　　　　］

○か×［　　］　反例［　　　　］

裏面に続くよ

4 次の図で、合同な直角三角形の組を２組みつけ、記号≡を使って表しましょう。また、そのとき使った合同条件を書きましょう。

［15点×２］

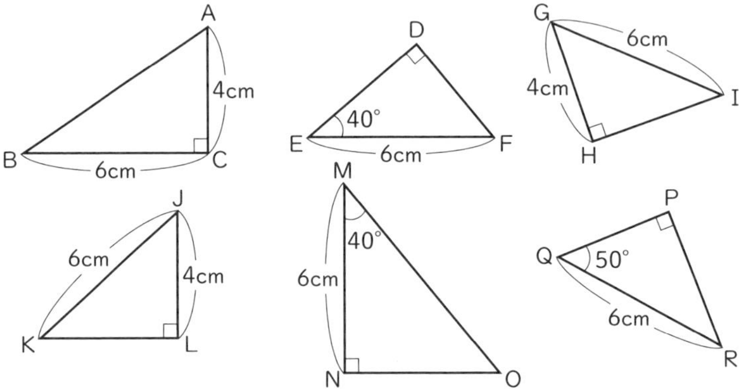

⑴　合同な三角形〔△DEF≡　〕
　　合同条件〔　〕

⑵　合同な三角形〔△GHI≡　〕
　　合同条件〔　〕

5 右の図は、∠A＝90°の直角三角形ABCで、∠Bの二等分線と辺ACの交点をDとし、点Dから斜辺BCに垂線DEをひきます。このとき、DA＝DEであることを証明しましょう。

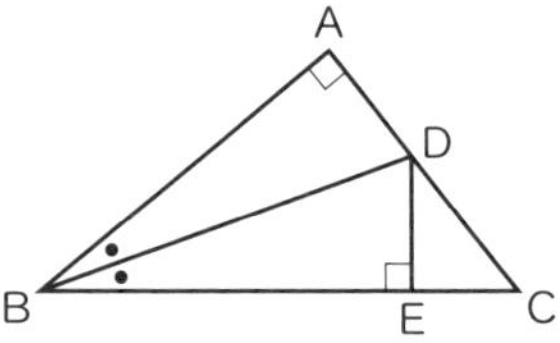

［16点］

〔△ABDと△EBDにおいて、

〕

解答➔P.111

何点とれた？

点

60 平行四辺形の性質

月 日

ここ大事!

★平行四辺形の定義と性質

●定義…平行四辺形とは、2組の対辺がそれぞれ平行な四角形のこと。

●性質…❶ 2組の対辺はそれぞれ等しい。

AB＝DC、AD＝BC

❷ 2組の対角はそれぞれ等しい。

∠A＝∠C、∠B＝∠D

❸対角線はそれぞれの中点で交わる。

OA＝OC、OB＝OD

平行四辺形ABCDで、
AB//DC、AD//BC

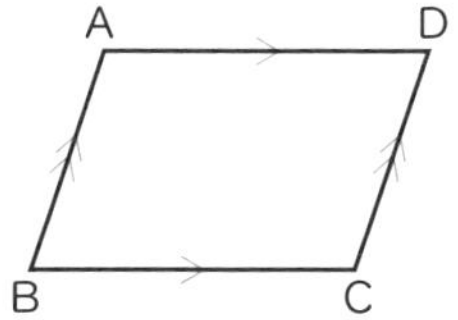

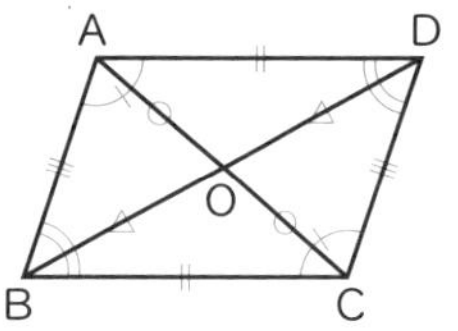

1 下の図は、平行四辺形ABCDです。x、yの値《あたい》をそれぞれ求めましょう。

やってみよう

(1)

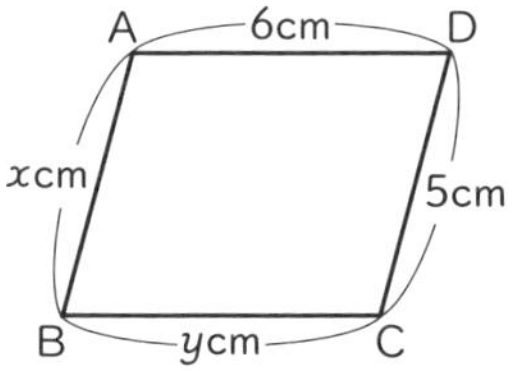

x [ ]
y [ ]

(2)

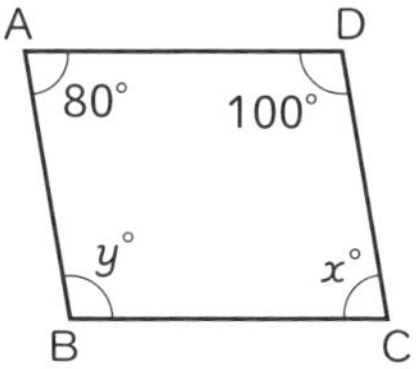

x [ ]
y [ ]

(3)

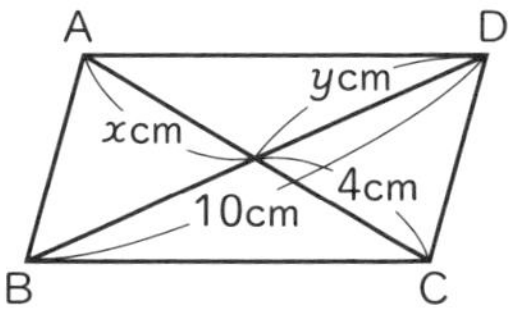

x [ ]
y [ ]

解答➜P.112

何問できた? 6問中 問

61 平行四辺形の性質を使った証明

月　　日

1 右の図の平行四辺形ABCDで、対角線AC上にAE＝CF となる２点E、Fをとり、点Bと点E、点Dと点Fをそれぞれ結びます。このとき、BE＝DF となることを証明します。□の中をうめて証明を完成させましょう。

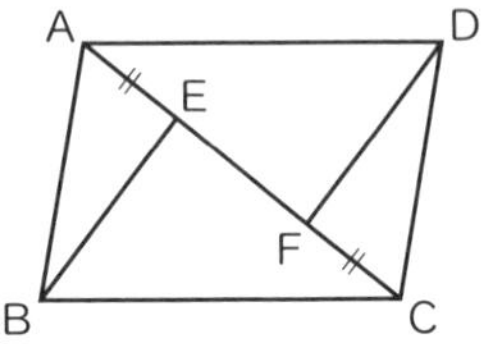

（証明）　△ABEと△CDFにおいて、

平行四辺形の対辺は等しいから、AB＝□　……①

仮定より、　AE＝□　……②

AB//DCより、平行線の錯角は等しいから、

∠BAE＝∠□　……③

①、②、③より、□がそれぞれ等しいから、△ABE≡△CDF

合同な図形の対応する□は等しいから、BE＝DF

2 右の図の平行四辺形ABCDで、2つの対角線の交点をOとし、点Oを通る直線が辺AB、辺CDと交わる点をそれぞれP、Qとするとき、OP＝OQ となることを証明しましょう。

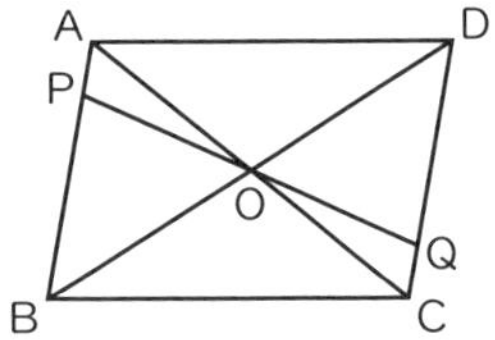

△AOPと△COQにおいて、

解答➜P.112

何問できた？

6問中　　問

62 平行四辺形になるための条件①

月　　日

ここ大事！

★平行四辺形になるための条件

❶2組の対辺がそれぞれ平行である。（定義）

❷2組の対辺がそれぞれ等しい。

❸2組の対角がそれぞれ等しい。

❹対角線がそれぞれの中点で交わる。

❺1組の対辺が平行で、その長さが等しい。

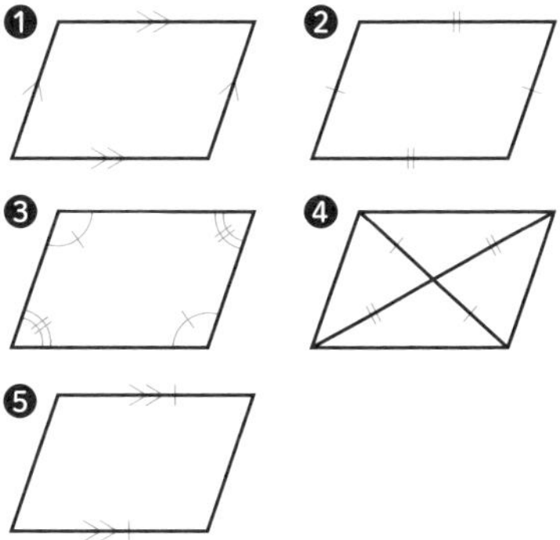

1 右の図は、AD//BCの四角形ABCDです。AD//BCにあと１つ条件を加えると、四角形ABCDは平行四辺形になります。下の□の中に記号を書きましょう。

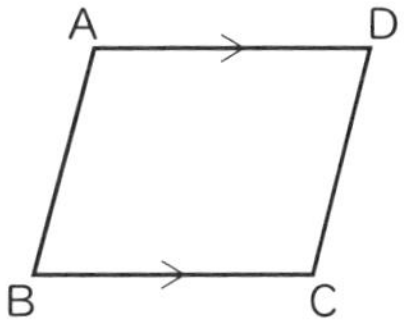

やってみよう

AD＝□　　または　AB//□

2 四角形ABCDについて、次のような関係があるとき、四角形ABCDは平行四辺形といえるかどうか答えましょう。

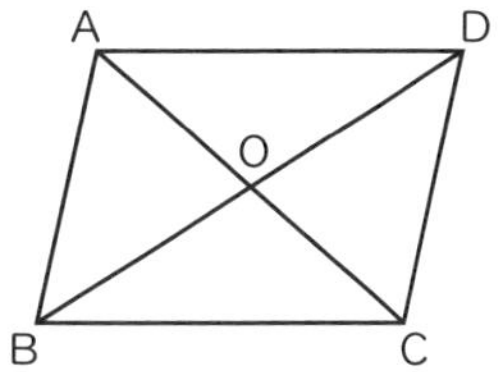

Oは対角線の交点

(1)　AD＝BC、AB//DC　　〔　　　〕

(2)　OA＝OC、OB＝OD　　〔　　　〕

(3)　AB＝AD、BC＝CD　　〔　　　〕

(4)　AB//DC、AB＝CD　　〔　　　〕

何問できた？

6問中　　問

63 平行四辺形になるための条件②

月　　日

1 右の図の平行四辺形ABCDで、辺ADの中点をM、辺BCの中点をNとし、点Aと点N、点Cと点Mをそれぞれ結ぶとき、四角形ANCMは平行四辺形となることを証明します。□の中をうめて証明を完成させましょう。

やってみよう

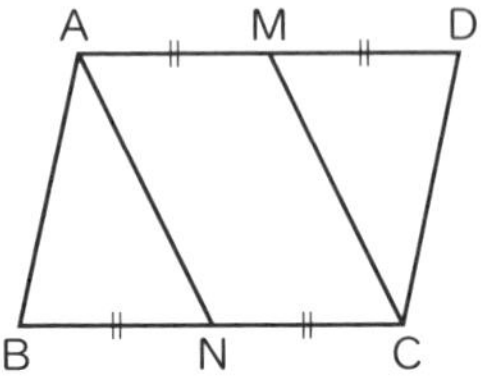

（証明）　平行四辺形の対辺は等しいから、AD＝□　……①

点M、Nはそれぞれ、辺AD、BCの中点であるから、

AM＝$\frac{1}{2}$□、NC＝$\frac{1}{2}$□　……②

①、②より、AM＝□　……③

平行四辺形の対辺は平行であるから、AM//□　……④

③、④より、1組の□が平行で、その□が等しいから、四角形ANCMは平行四辺形となる。

2 右の図の平行四辺形ABCDで、辺AB、CD上にそれぞれ点E、FをBE＝DFとなるようにとるとき、四角形AECFは平行四辺形となることを証明しましょう。

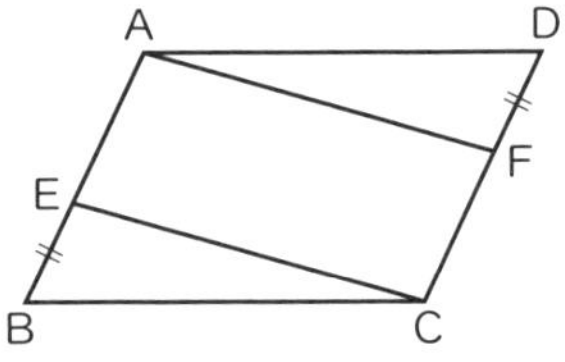

64 特別な平行四辺形

月　　日

★長方形、ひし形、正方形の定義と性質

- 長方形の定義…4つの角がすべて等しい四角形。
- 長方形の性質…長方形の2組の対辺の長さはそれぞれ等しく、2本の対角線の長さは等しい。
- ひし形の定義…4つの辺がすべて等しい四角形。
- ひし形の性質…対角線は垂直に交わる。
- 正方形の定義…4つの角がすべて等しく、4つの辺がすべて等しい四角形。
- 正方形の性質…2本の対角線の長さが等しく、垂直に交わる。

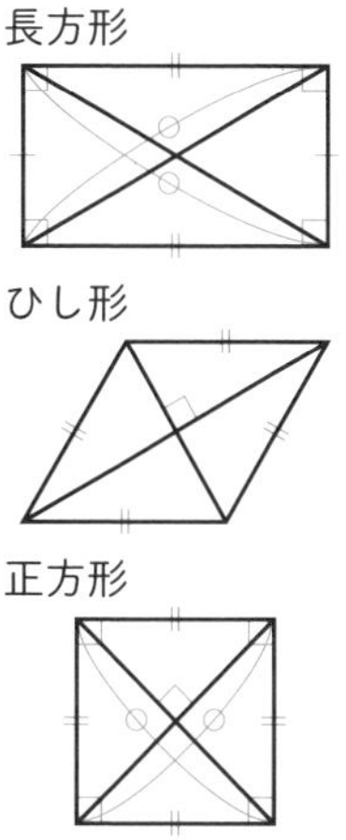

1 右の図の長方形ABCDにおいて、対角線ACとDBの長さが等しいことを証明します。□の中をうめて証明を完成させましょう。

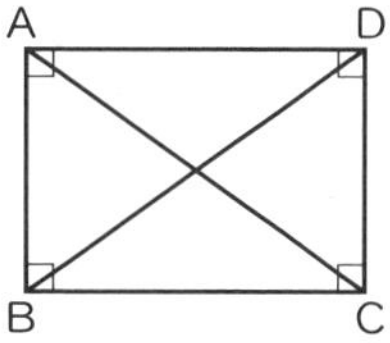

（証明）　△ABCと△DCBにおいて、

長方形の対辺は等しいから、AB＝□　……①

共通な辺だから、　BC＝□　……②

長方形の4つの□は等しいから、∠ABC＝∠□　……③

①、②、③より、□がそれぞれ等しいから、

△ABC≡△DCB

合同な図形の対応する□は等しいから、AC＝DB

解答➔P.113

何問できた?

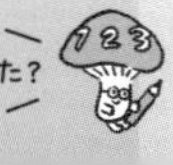

6問中　　問

65 長方形、ひし形、正方形になるための条件

月　日

★平行四辺形が長方形、ひし形、正方形になるための条件

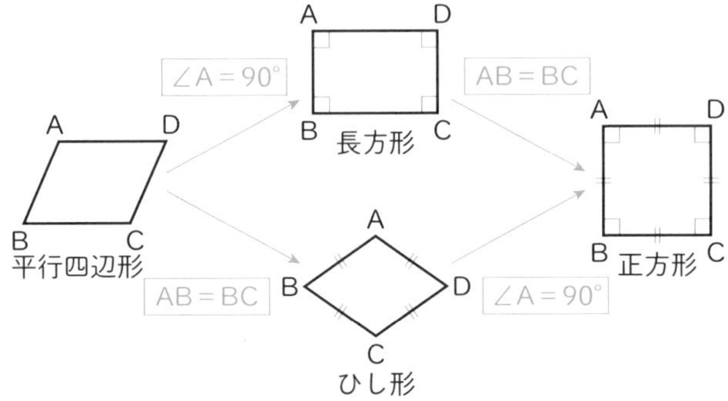

1 右の図は、平行四辺形ABCDです。次の条件が加わったとき、平行四辺形ABCDは長方形、ひし形、正方形のどれになるか答えましょう。

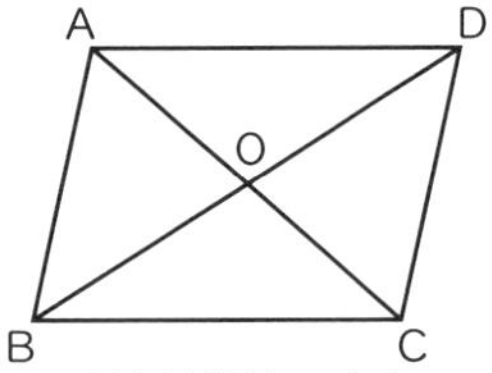

Oは対角線の交点

(1)　$AC=BD$　〔　　　　　〕

(2)　$\angle AOB=90^\circ$　〔　　　　　〕

(3)　$OA=OB$、$AC\perp BD$　〔　　　　　〕

2 「4つの辺がすべて等しい平行四辺形はひし形である」ことを、右の図の「平行四辺形ABCDで、$AB=BC$ならば、$AB=BC=CD=DA$」を示すことで証明しましょう。

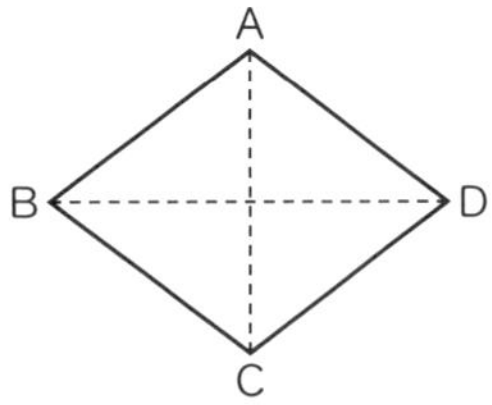

〔　　　　　　　　　　　　　　　　　　　　〕

解答→P.113

何問できた?

4問中　　問

66 平行線と面積①

月　日

★平行線と距離《きょり》、平行線と面積

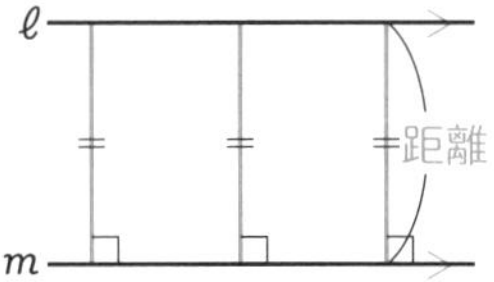

●平行線と距離…ℓ//mのとき、ℓ上の点から直線mにひいた垂線の長さは等しい。

●平行線と面積…底辺が共通な△ABCと△A′BCで、

❶AA′//BCならば、△ABC＝△A′BC

❷△ABC＝△A′BCならば、AA′//BC

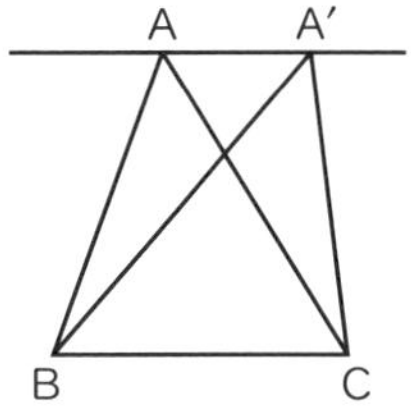

△ABCと△A′BCの面積が等しいことを、△ABC=△A′BCと書くよ。

1 右の図は、AD//BCの四角形ABCDです。次の問いに答えましょう。

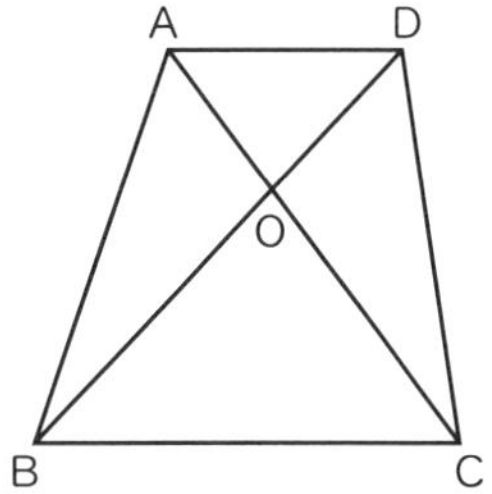

(1)　△ABCと面積が等しい三角形を答えましょう。

〔　　　　　　　　〕

(2)　△ABO＝△CDOであることを証明します。

□の中をうめて証明を完成させましょう。

（証明）　△ABO＝△ABD－△□　……①

△CDO＝△ACD－△□　……②

底辺□が共通で、AD//BCだから、

△ABD＝△□　……③

①、②、③より、△ABO＝△CDO

解答➔P.113

何問できた？

5問中　　　問

67 平行線と面積②

月　　日

ここ大事！

★面積が等しい図形への変形

●四角形ABCDと面積の等しい三角形のかき方

❶対角線ACをひく。

❷点Dを通り、対角線ACに平行な直線をひき、辺BCの延長との交点をEとする。

❸点Aと点Eを結ぶと、△DAC＝△EACだから、四角形ABCDと△ABEの面積は等しくなる。

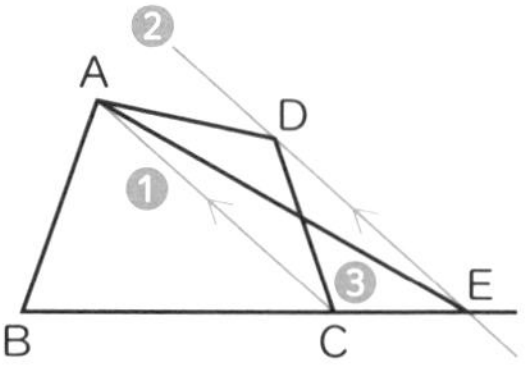

やってみよう

1 **右の図１の長方形ABCDは、折れ線PQRによって２つの部分に分けられています。それぞれの部分の面積を変えないようにして、点Pを通る１本の線分で２つの部分に切り分ける方法を、図２を使って説明します。□の中をうめて説明を完成させましょう。**

図１

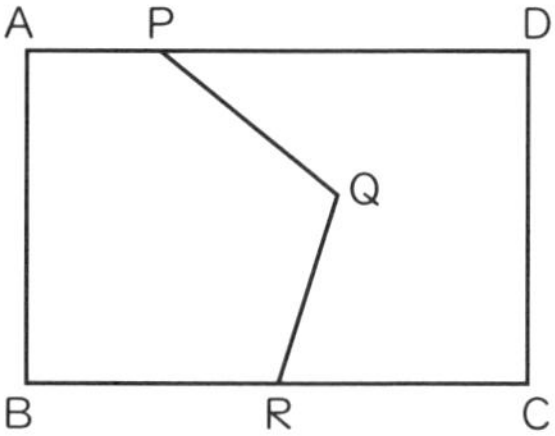

図２

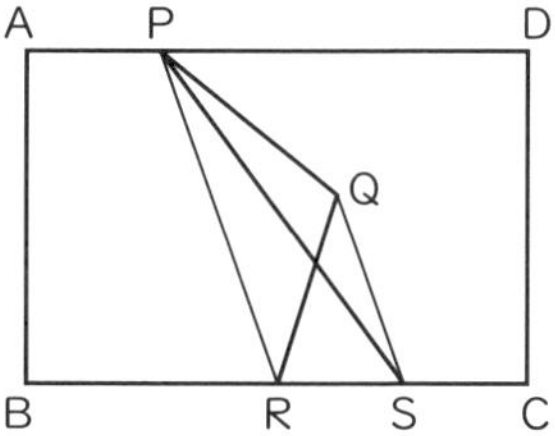

（説明）

①点Pと点□を結ぶ。

②点□を通り、線分PRに平行な直線をひき、辺BCとの交点を□とする。

③点Pと点□を結ぶと、△PRQ＝△PRSだから、五角形ABRQPと四角形ABSPの面積は等しくなる。

解答➜P.113

何問できた？　4問中　　問

68 確認問題6

うでだめし
やってみよう

表裏
10分!

月　　日

1 次の平行四辺形で、x、y の値をそれぞれ求めましょう。　〔10点×2〕

(1)

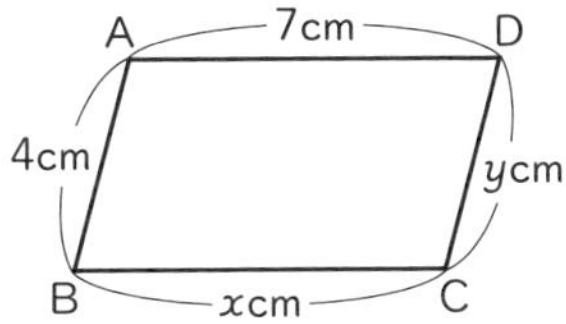

x〔　　　〕 y〔　　　〕

(2)

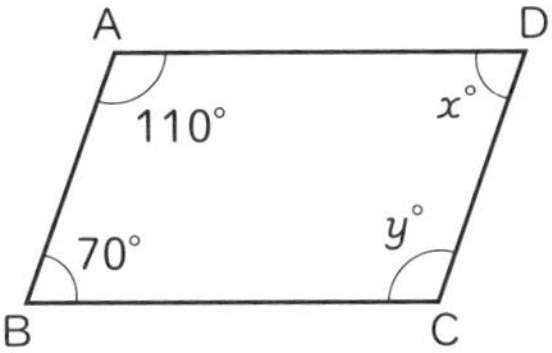

x〔　　　〕 y〔　　　〕

2 右の平行四辺形ABCDで、∠Bの二等分線と辺ADの交点をE、辺CDの延長との交点をFとするとき、BC＝CFであることを証明します。□の中をうめて証明を完成させましょう。　〔15点〕

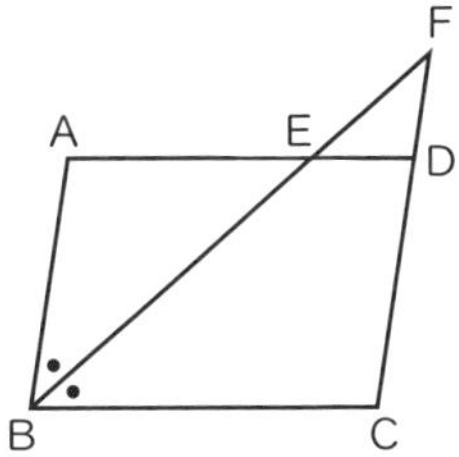

（証明）　仮定より、∠CBF＝∠□　……①

平行四辺形の対辺は平行であるから、FC//□　……②

②より、平行線の錯角は等しいので、∠ABF＝∠□　……③

①、③より、∠CBF＝∠□

△CBFは２つの角が等しいから、△CBFは□である。

よって、BC＝CF

3 次のア～エの四角形ABCDのうち、平行四辺形になるものをすべて答えましょう。　〔15点〕

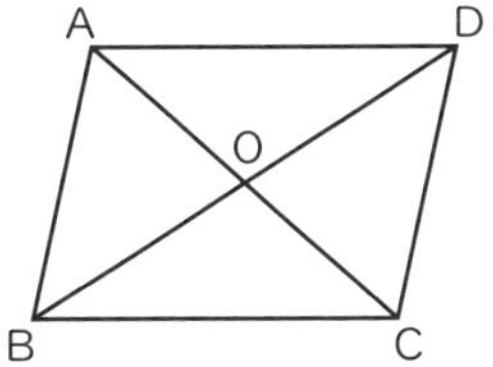

Oは対角線の交点

ア　∠BAD＝60°、∠ABC＝120°、∠BCD＝60°

イ　AD//BC、AB＝CD＝5cm

ウ　AO＝CO＝6cm、BO＝DO＝4cm

エ　AD//BC、AD＝BC＝5cm

〔　　　　〕

裏面に続くよ

4 右の図の平行四辺形ABCDで、２つの対角線の交点をOとします。対角線ACの延長上に点E、FをAE＝CFとなるようにとります。このとき、四角形EBFDは平行四辺形となることを証明しましょう。 ［15点］

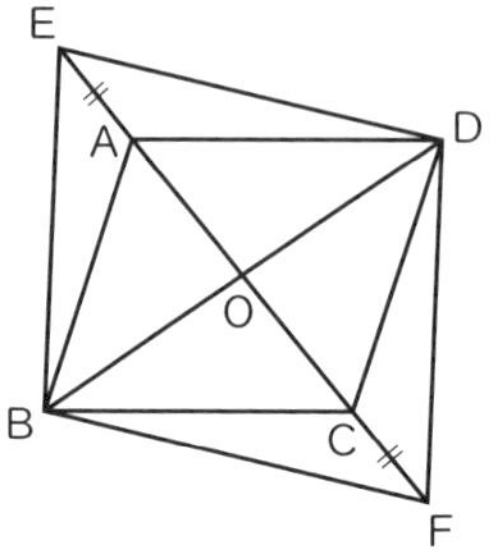

［　　　　　　　　］

5 右の図の平行四辺形ABCDに、次の条件が加わったとき、平行四辺形ABCDは長方形、ひし形、正方形のどれになるか答えましょう。 ［5点×３］

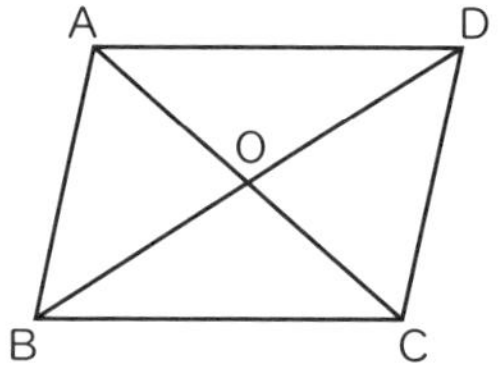

Oは対角線の交点

(1)　AB＝AD　［　　　　］

(2)　∠A＝90°　［　　　　］

(3)　OA＝OD、∠AOD＝90°　［　　　　］

6 右の図の四角形ABCDで、辺DCの延長上に点Eをとり、四角形ABCDと面積の等しい△AEDをつくる方法を説明します。［　　］の中をうめて説明を完成させましょう。 ［20点］

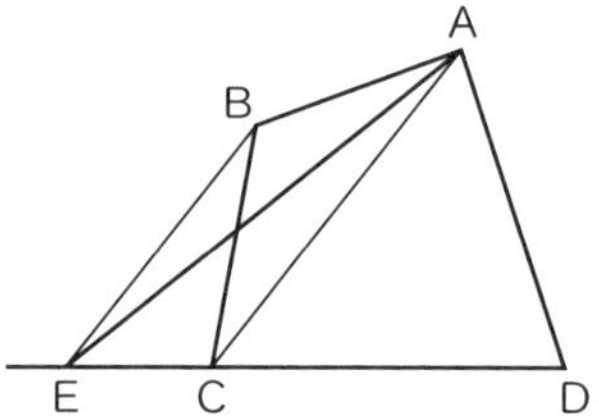

（説明）

①対角線［　　］をひく。

②点［　　］を通り、対角線［　　］に平行な直線をひき、辺DCの延長との交点を［　　］とする。

③点Aと点［　　］を結ぶと、△ABC＝△AEC だから、四角形ABCDと△AEDの面積は等しくなる。

解答➜P.113

何点とれた？ 点

69 確率の求め方①

月　日

ここ大事！

★確率《かくりつ》の求め方

●どの場合が起こることも同じ程度であると考えられるとき、同様に確からしいという。

●起こる場合が全部で n 通りあり、そのどれが起こることも同様に確からしいとする。そのうち、ことがらAの起こる場合が a 通りあるとき、ことがらAの起こる確率 p は、$p=\frac{a}{n}$ で求められる。

1 1個のさいころを1回投げるとき、次の問いに答えましょう。

やってみよう

(1) さいころの目の出方は、全部で何通りありますか。

〔　　　　　〕

(2) 2の目が出る確率を求めましょう。

〔　　　　　〕

(3) 5の目が出る確率を求めましょう。

〔　　　　　〕

(4) 2または5の目が出る確率を求めましょう。

〔　　　　　〕

(5) 5以上の目が出る確率を求めましょう。

〔　　　　　〕

解答→P.114

何問できた？ 5問中　　問

70 確率の求め方②

月　　日

確率の性質

●確率 p の値の範《はん》囲《い》は、$0 \leqq p \leqq 1$ である。

●必ず起こることがらの確率は 1、決して起こらないことがらの確率は 0 である。

1 **赤玉 5 個、白玉 3 個、青玉 4 個が入った袋《ふくろ》から、1 個の玉を取り出すとき、次の問いに答えましょう。**

(1) 玉の取り出し方は、全部で何通りありますか。

〔　　　　〕

(2) 赤玉を取り出す確率を求めましょう。

〔　　　　〕

(3) 赤玉または白玉を取り出す確率を求めましょう。

〔　　　　〕

(4) 赤玉または白玉または青玉を取り出す確率を求めましょう。

〔　　　　〕

(5) 黒玉を取り出す確率を求めましょう。

〔　　　　〕

何問できた?

5問中　　問

71 確率の求め方③

月　日

★樹形図《じゅけいず》

例　2枚の硬貨《こうか》を投げるとき、起こりうるすべての場合を、表が出る場合を「○」、裏が出る場合を「×」で表した、右のような図を樹形図という。

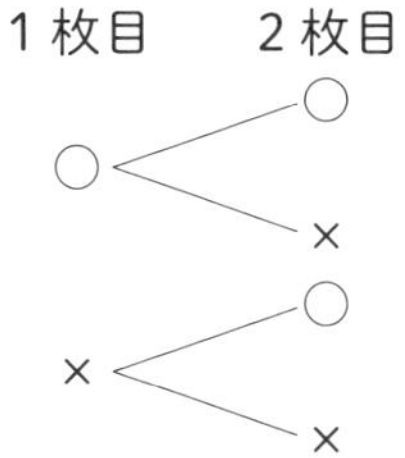

1 **10円硬貨と100円硬貨の2枚の硬貨を同時に投げるとき、次の問いに答えましょう。**

(1)　2枚の硬貨の表裏の出方を、右の樹形図で表します。表が出る場合を「○」、裏が出る場合を「×」で表したとき、□の中をうめて樹形図を完成させましょう。

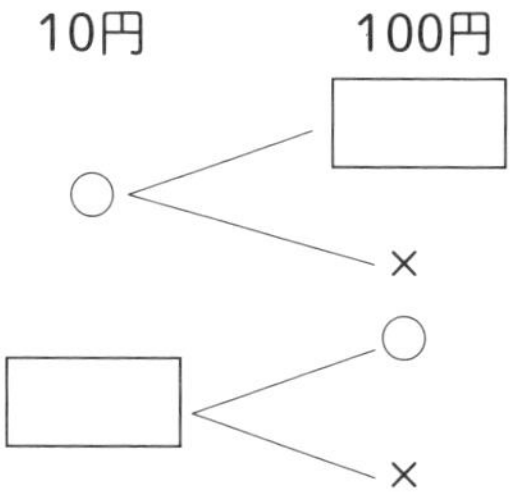

(2)　2枚の硬貨の表裏の出方は、全部で何通りありますか。

〔　　　　　〕

(3)　表が2枚出る確率を求めましょう。

〔　　　　　〕

(4)　表が1枚、裏が1枚出る確率を求めましょう。

〔　　　　　〕

72 いろいろな確率①

月　日

ここ大事！

★樹形図の利用

●樹形図は、場合の数を順序よく整理して数え上げるのに適しているが、重複して数えたり、抜《ぬ》けてしまう場合があるので注意する。

1 3枚の10円硬貨A、B、Cを同時に投げるとき、次の問いに答えましょう。

やってみよう

(1)　3枚の硬貨の表裏の出方を、右の樹形図で表します。表が出る場合を「○」、裏が出る場合を「×」で表したとき、□の中をうめて樹形図を完成させましょう。

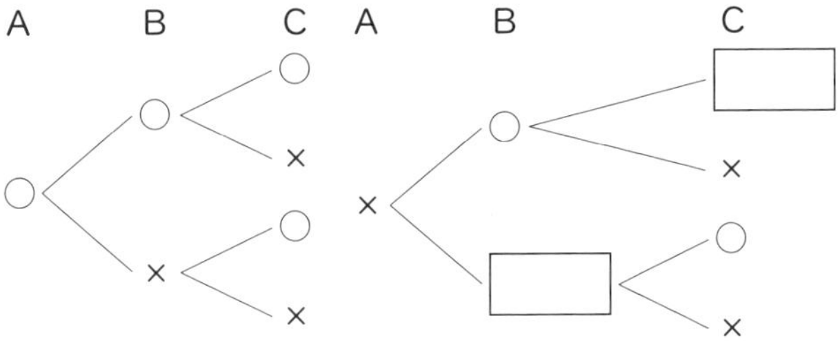

(2)　3枚の硬貨の表裏の出方は、全部で何通りありますか。

〔　　　　〕

(3)　表が3枚出る確率を求めましょう。

〔　　　　〕

(4)　表が2枚、裏が1枚出る確率を求めましょう。

〔　　　　〕

解答 ➔ P.114

何問できた？　5問中　　問

73 いろいろな確率②

月　日

★樹形図の利用

●くじをひく問題では、くじに番号をつけて、樹形図をつくり数え上げるとよい。

例　当たりくじが2本入った5本のくじがあり、A、Bがこの順にくじをひくとき、当たりくじを①、②、はずれくじを3、4、5とすると、樹形図は次のようになる。

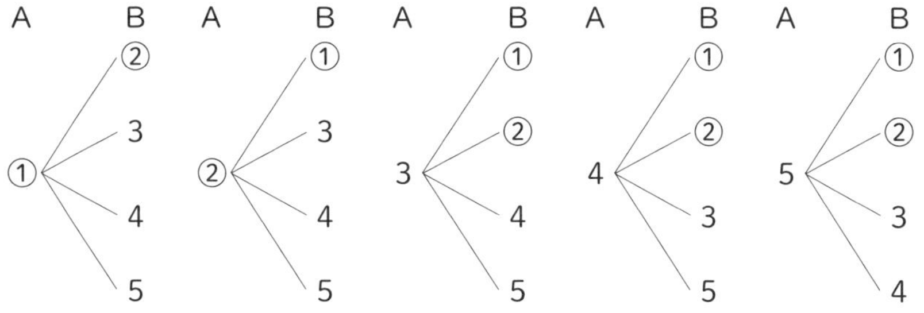

1 **当たりくじが2本入った5本のくじがあり、A、Bがこの順にくじをひきます。このとき、次の問いに答えましょう。**

(1)　起こりうるすべての場合は、全部で何通りありますか。

〔　　　　　　〕

(2)　2人とも当たりくじをひく確率を求めましょう。

〔　　　　　　〕

(3)　Aが当たりくじをひき、Bがはずれくじをひく確率を求めましょう。

〔　　　　　　〕

解答➜P.114

何問できた?　3問中　　問

74 いろいろな確率③

月　　日

ここ大事！

起こらない確率

●（Aの起こらない確率）＝1－（Aの起こる確率）

例　大小2個のさいころを同時に投げるとき、出る目の和が5以上になる確率を求める。

解　4以下になる確率は $\frac{6}{36}=\frac{1}{6}$ だから、

$1-\frac{1}{6}=\frac{5}{6}$

大小2個のさいころの出た目の和

小＼大	1	2	3	4	5	6
1	②	③	④	5	6	7
2	③	④	5	6	7	8
3	④	5	6	7	8	9
4	5	6	7	8	9	10
5	6	7	8	9	10	11
6	7	8	9	10	11	12

1 2個のさいころを同時に投げるとき、次の問いに答えましょう。

(1)　2個のさいころの目の出方は、全部で何通りありますか。

［　　　　　］

(2)　出る目の和が6になる確率を求めましょう。

［　　　　　］

(3)　出る目の和が9以上になる確率を求めましょう。

［　　　　　］

(4)　2個とも同じ目が出る確率を求めましょう。

［　　　　　］

(5)　2個とも異なる目が出る確率を求めましょう。

［　　　　　］

解答 ➔ P.115

何問できた？

5問中　　　問

75 いろいろな確率④

月　日

ここ大事!

★確率の求め方のくふう

例　A、B、C、Dの4人の中から、くじびきで2人の掃除《そうじ》当番を選ぶとき、AとBが当番に選ばれる確率を求める。

解　A、Bが選ばれることを{A、B}と書くと、当番になる2人の選ばれ方は、右のように6通りあり、どの場合が起こることも同様に確からしい。このうち、AとBが当番に選ばれるのは1通りあるから、その確率は、$\frac{1}{6}$である。

{A、B}、{A、C}、{A、D}
{B、C}、{B、D}
{C、D}

A、Bの順に選ばれることと、B、Aの順に選ばれることは同じであると考えてよいので、この選び方は{A、B}と表すよ。

1 **A、B、C、D、Eの5つの野球チームの中から、対戦する2つのチームをくじびきで選ぶとき、次の問いに答えましょう。**

やってみよう

(1)　対戦する2つのチームの選ばれ方は、全部で何通りありますか。

〔　　　　　〕

(2)　AチームとBチームが選ばれる確率を求めましょう。

〔　　　　　〕

(3)　Aチームが選ばれる確率を求めましょう。

〔　　　　　〕

(4)　Aチーム以外のチームが選ばれる確率を求めましょう。

〔　　　　　〕

76 確率の利用

月　　日

ここ大事！

★確率による説明

●ことがらの起こりやすさを、確率をもとにして説明することができる。

やってみよう

1 **当たりくじが２本入った６本のくじがある。最初にAが１本ひき、それをもとにもどさずに、続けてBが１本ひきます。このとき、次の問いに答えましょう。**

(1)　Aが当たりくじをひく確率を求めましょう。

〔　　　　　〕

(2)　Bが当たりくじをひく確率を求めましょう。

〔　　　　　〕

(3)　くじをひいたとき、先にくじをひいたAと、後からひいたBとで、当たりやすさにちがいはありますか。次のア～ウの中から正しいものを１つ選び、記号で答えましょう。

ア　先にくじをひいたAのほうが当たりやすい。

イ　後からくじをひいたBのほうが当たりやすい。

ウ　先にくじをひいたAと、後からくじをひいたBとでは、当たりやすさにちがいはない。

〔　　　　　〕

解答➔P.115

何問できた？　3問中　　問

77 確認問題 7

うでだめし やってみよう

表裏 10分!

月　日

1 **赤玉3個、白玉5個、青玉7個が入った袋から、1個の玉を取り出すとき、次の確率を求めましょう。**　[8点×2]

(1) 赤玉を取り出す確率

〔　　　　〕

(2) 赤玉または青玉を取り出す確率

〔　　　　〕

2 **10円、100円、500円の3枚の硬貨を同時に投げるとき、次の問いに答えましょう。**　[8点×4]

(1) 3枚の硬貨の表裏の出方を、右の樹形図で表します。表が出る場合を「○」、裏が出る場合を「×」で表したとき、

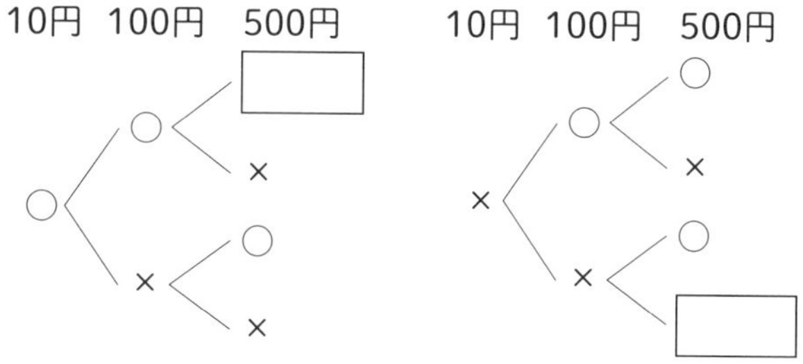

□の中をうめて樹形図を完成させましょう。

(2) 3枚の硬貨の表裏の出方は、全部で何通りありますか。

〔　　　　〕

(3) 裏が3枚出る確率を求めましょう。

〔　　　　〕

(4) 表が1枚、裏が2枚出る確率を求めましょう。

〔　　　　〕

裏面に続くよ

3 **2個のさいころを同時に投げるとき、次の問いに答えましょう。**

［8点×3］

(1)　2個とも奇数の目が出る確率を求めましょう。

〔　　　　　〕

(2)　出る目の和が7になる確率を求めましょう。

〔　　　　　〕

(3)　出る目の和が3以下になる確率を求めましょう。

〔　　　　　〕

4 **当たりくじが1本入った6本のくじが箱の中に入っており、この中からくじを2本ひくとき、次の場合の確率を求めます。** ［12点］

(Ⅰ)　くじを同時に2本ひくとき、当たりくじが出る確率を p とする。 (Ⅱ)　くじを1本ひき、それを確認して箱の中にもどしてから、またくじを1本ひくとき、1回以上当たりくじが出る確率を q とする。

確率 p と q の大きさを比べたとき、どのようなことがいえますか。次のア～ウの中から正しいものを1つ選び、記号で答えましょう。

ア　p のほうが大きい。　イ　q のほうが大きい。　ウ　p と q は等しい。

〔　　　　　〕

5 **A、B、C、D、Eの5人の中から、くじびきで日直を2人選びます。このとき、次の問いに答えましょう。** ［8点×2］

(1)　2人の日直の選び方は、全部で何通りありますか。

〔　　　　　〕

(2)　Eが日直に選ばれる確率を求めましょう。

〔　　　　　〕

解答 → P.116

何点とれた？

点

78 四分位数、四分位範囲

月　　日

★四分位数《しぶんいすう》、四分位範囲《はんい》

●データを大きさの順に並べ、中央値を境に前半と後半に分ける。
全データの中央値を第２四分位数、前半部分の中央値を第１四分位数、後半部分の中央値を第３四分位数という。

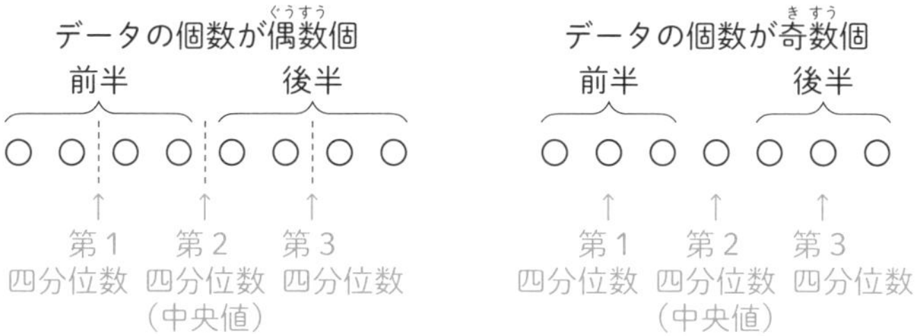

●（四分位範囲）＝（第３四分位数）－（第１四分位数）

1 次のデータは、10人の生徒の20点満点のテストの得点結果です。次の問いに答えましょう。

5、7、20、12、8、7、14、12、9、16 （単位は点）

(1) 第１四分位数を求めましょう。

〔　　　　〕

(2) 第２四分位数を求めましょう。

〔　　　　〕

(3) 第３四分位数を求めましょう。

〔　　　　〕

(4) 四分位範囲を求めましょう。

〔　　　　〕

解答 ➔ P.117

何問できた？ 4問中　　問

79 箱ひげ図

月　　日

ここ大事！

★箱《はこ》ひげ図《ず》、範囲《はんい》

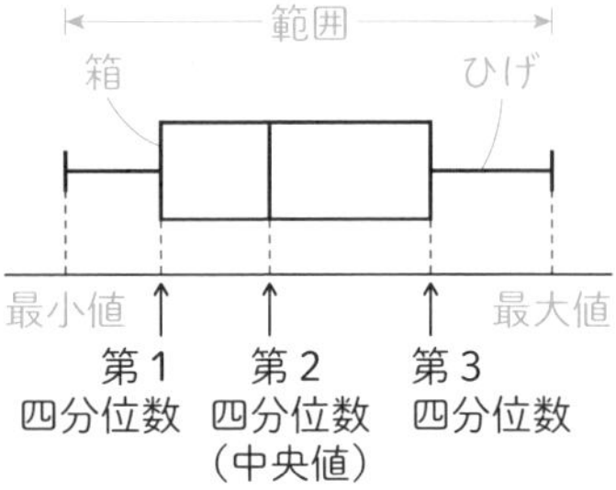

●箱ひげ図…データの分布のようすを箱とひげで表した右のような図。

●箱ひげ図のかき方

❶ 第1四分位数を左端、第3四分位数を右端とする長方形(箱)をかく。

❷ ❶でかいた長方形の中に第2四分位数(中央値)を示す縦の線をひく。

❸ 最小値と最大値を示す縦の線をひき、箱と横の線(ひげ)でつなぐ。

●範囲…最大値から最小値をひいた差。

1 **次のデータは、13人の生徒のハンドボール投げの記録です。次の問いに答えましょう。**

17、15、20、25、21、19、12、27、21、14、25、18、20　(単位はm)

(1)　最小値を答えましょう。　〔　　　　〕

(2)　最大値を答えましょう。　〔　　　　〕

(3)　範囲を求めましょう。　〔　　　　〕

(4)　第1四分位数を求めましょう。　〔　　　　〕

(5)　第2四分位数を求めましょう。　〔　　　　〕

(6)　第3四分位数を求めましょう。　〔　　　　〕

(7)　13人のハンドボール投げの記録を箱ひげ図に表しましょう。

解答➔P.117

何問できた？

7問中　　問

80 データの分布①

月　　日

★箱ひげ図におけるデータの分布

- 箱ひげ図は、全データ数の約25%ずつがそれぞれの区間に入っている。
- 四分位範囲に入っているデータ数は、全データ数の約50%をしめる。

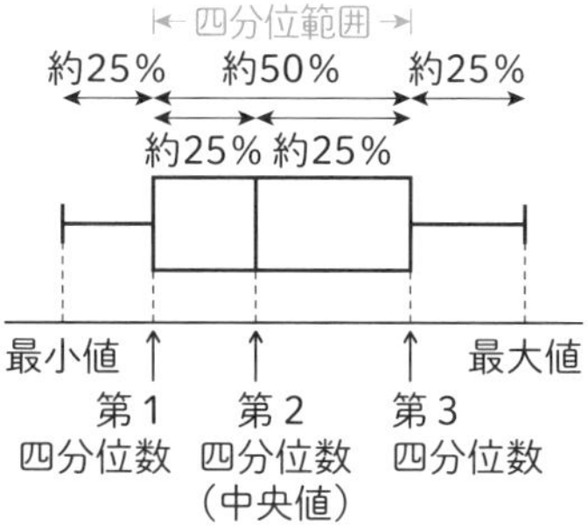

1 下の図は、あるクラスの生徒27人が、国語、数学、英語のテストを受けたときの得点のデータを、箱ひげ図で示したものです。次の(1)~(4)にあてはまるテストの科目をそれぞれ1つずつ答えましょう。

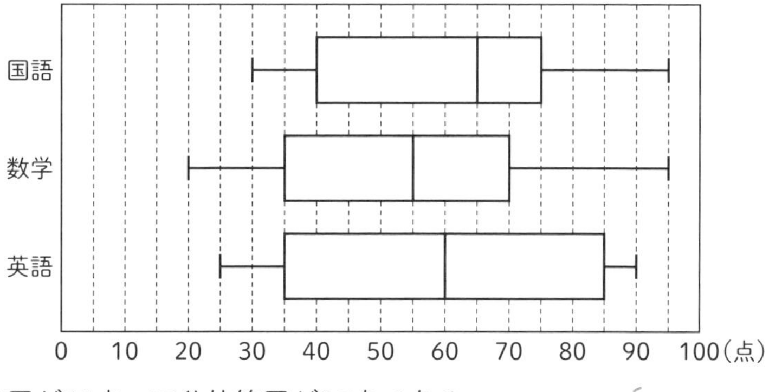

(1)　範囲が65点、四分位範囲が35点である。　〔　　　　〕

(2)　中央値が最も高い。　〔　　　　〕

(3)　55点の生徒が必ずいる。　〔　　　　〕

(4)　80点以上の生徒が7人以上いる。　〔　　　　〕

何問できた?　4問中　　問

81 データの分布②

月　日

★ヒストグラムと箱ひげ図の関係

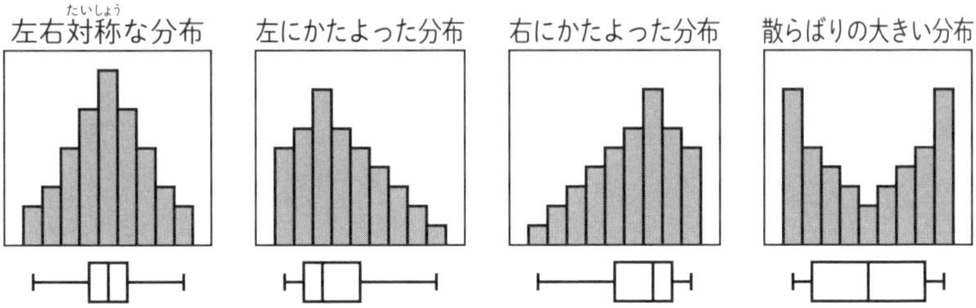

1 次のア～エのヒストグラムについて、対応する箱ひげ図を、下のA～Dの中からそれぞれ1つずつ選び、記号で答えましょう。

ア

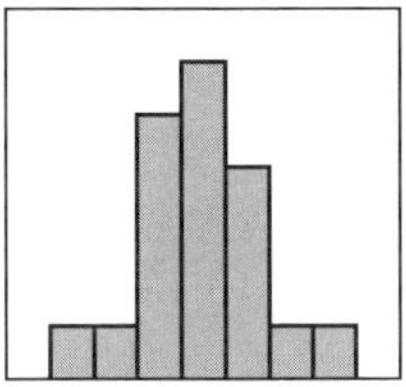

〔　　　〕

イ

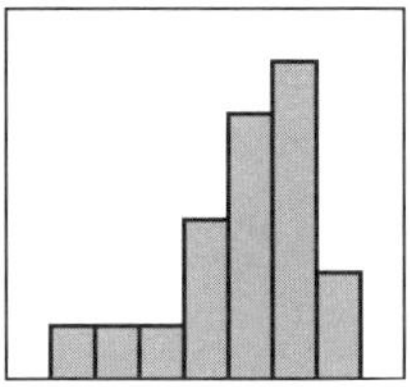

〔　　　〕

ウ

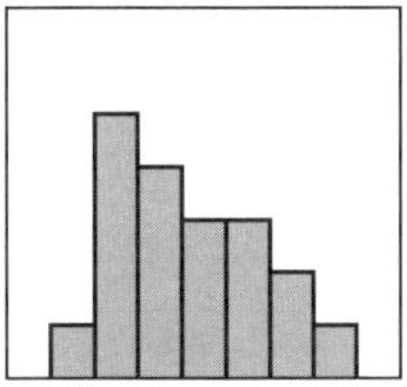

〔　　　〕

エ

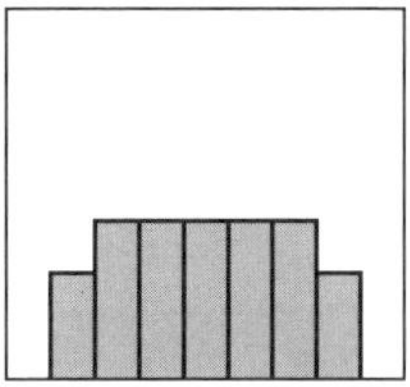

〔　　　〕

A

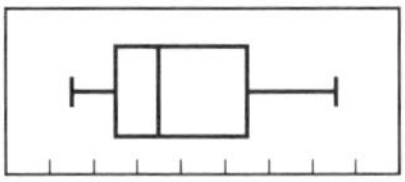

B

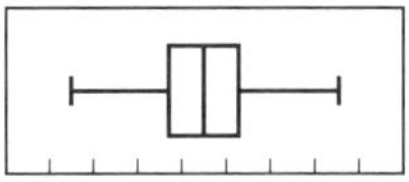

C

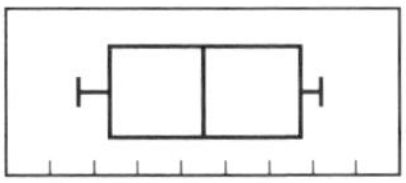

D

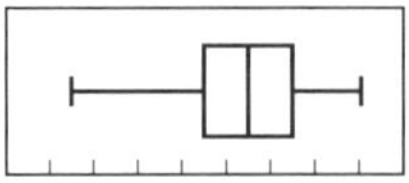

箱ひげ図の箱がヒストグラムの山に対応し、ひげがヒストグラムの山のすそに対応しているね。

解答➔P.117

何問できた？ 4問中　　問

82 確認問題 8

うでだめし
やってみよう

表裏
10分!

月　　日

1 次のデータは、10人の生徒の１か月の読書時間です。次の問いに答えましょう。　［6点×4］

3、18、14、11、5、6、23、18、0、15　（単位は時間）

(1)　第１四分位数を求めましょう。　〔　　　　〕

(2)　第２四分位数を求めましょう。　〔　　　　〕

(3)　第３四分位数を求めましょう。　〔　　　　〕

(4)　四分位範囲を求めましょう。　〔　　　　〕

2 次のデータは、あるクイズ大会に参加した８人の得点の記録です。次の問いに答えましょう。　［6点×6］

13、6、17、11、5、13、20、8　（単位は点）

(1)　最小値を答えましょう。　〔　　　　〕

(2)　最大値を答えましょう。　〔　　　　〕

(3)　第１四分位数を求めましょう。　〔　　　　〕

(4)　第２四分位数を求めましょう。　〔　　　　〕

(5)　第３四分位数を求めましょう。　〔　　　　〕

(6)　８人のクイズ大会の得点の記録を箱ひげ図に表しましょう。

裏面に続くよ

3 下の図は、バスケットボールのゲームを15試合行ったときの、A選手とB選手がそれぞれ１試合であげた得点のデータを、箱ひげ図で示したものです。箱ひげ図から読みとれることとして正しいものをア～エの中からすべて選び、記号で答えましょう。 ［10点］

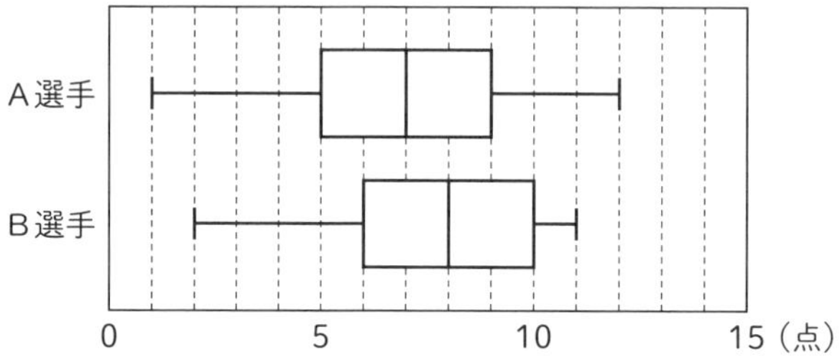

ア　A選手とB選手があげた得点のデータの範囲は同じである。

イ　A選手とB選手があげた得点のデータの中央値を比べると、A選手のほうが少ない。

ウ　A選手とB選手があげた得点のうち、9点以下のデータを比べると、A選手のほうが多い。

エ　A選手とB選手があげた得点が10点である試合が必ずある。

〔　　　　〕

4 次のア～ウのヒストグラムについて、対応する箱ひげ図を、下のA～Cの中からそれぞれ１つずつ選び、記号で答えましょう。［10点×3］

ア
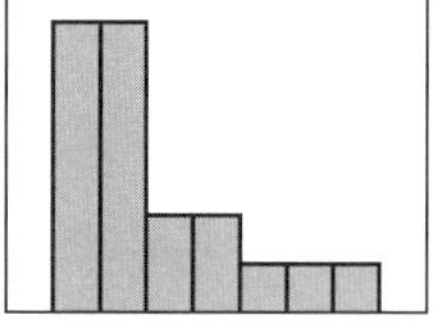
〔　　　　〕

イ
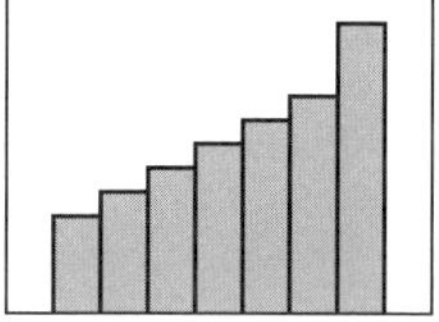
〔　　　　〕

ウ
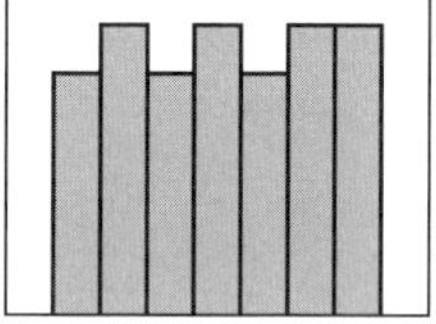
〔　　　　〕

A
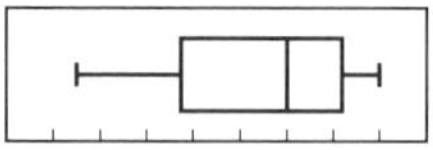

B
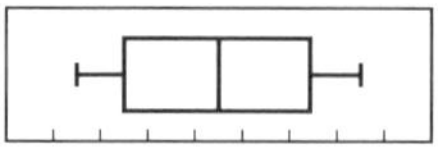

C
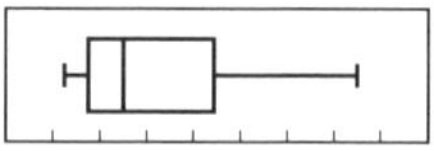

解答 ➜ P.118

何点とれた？

点

83 まとめテスト1

表裏10分!

月　　日

1 次の計算をしましょう。　［5点×4］

(1)　$6a-7b-a+5b$

〔　　〕

(2)　$(x-2y)+(8x-9y)$

〔　　〕

(3)　$4(-x+3y)-(10x-4y)$

〔　　〕

(4)　$\dfrac{x-3y}{2}-\dfrac{x-y}{10}$

〔　　〕

2 次の連立方程式を解きましょう。　［5点×4］

(1)　$\begin{cases} 2x-y=16 \\ 5x+y=19 \end{cases}$

〔　　〕

(2)　$\begin{cases} 3x+5y=-1 \\ x-y=-3 \end{cases}$

〔　　〕

(3)　$\begin{cases} \dfrac{1}{3}x-\dfrac{1}{2}y=-3 \\ \dfrac{1}{9}x-\dfrac{1}{4}y=-2 \end{cases}$

〔　　〕

(4)　$\begin{cases} y=-x-4 \\ 3x+y=12 \end{cases}$

〔　　〕

3 次の1次関数の式を求めましょう。　［5点×2］

(1)　グラフの傾きが-3で、点$(2、-5)$を通る。

〔　　〕

(2)　グラフが、2点$(-3、11)$、$(4、-3)$を通る直線である。

〔　　〕

裏面に続くよ

4 次の図で、$\angle x$の大きさを求めましょう。 ［6点×2］

(1)

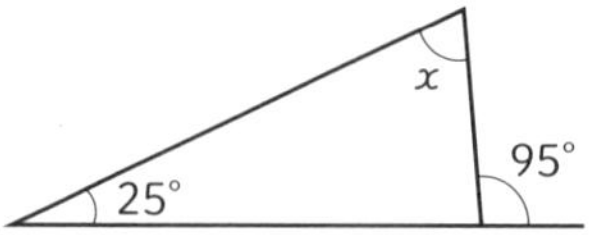

(2)

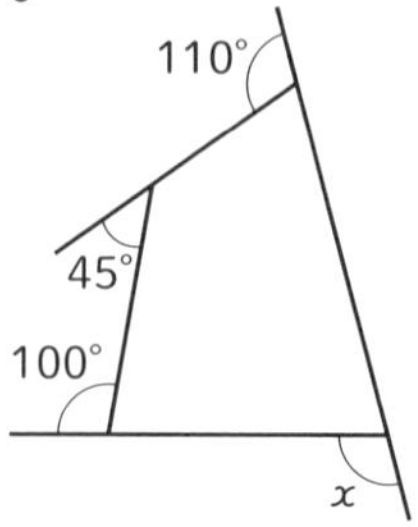

5 四角形ABCDについて、次のような関係があるとき、四角形ABCDは平行四辺形といえるかどうか答えましょう。 ［4点×4］

(1) AD//BC、AD＝BC

(2) AO＝BO、CO＝DO

(3) AB＝BC、AD＝CD

(4) AB//DC、AD//BC

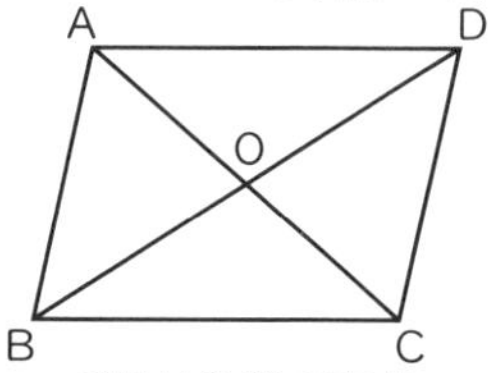

Oは対角線の交点

6 2個のさいころを同時に投げるとき、次の問いに答えましょう。

［5点×2］

(1) 2個とも同じ目が出る確率を求めましょう。

(2) 出る目の和が偶数になる確率を求めましょう。

7 下の図は、A組の生徒27人とB組の生徒27人が図書室で借りた本の冊数のデータを示したものです。次の問いに答えましょう。 ［6点×2］

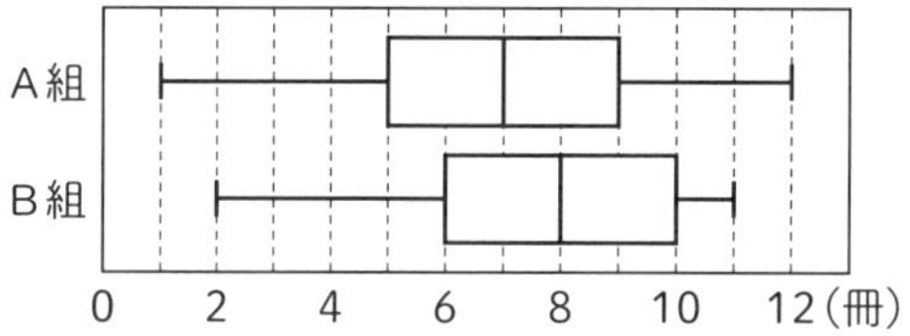

(1) 借りた本の冊数が7冊である生徒が必ずいるといえるのは、何組ですか。

(2) 借りた本の冊数が10冊以上である生徒の人数が多いといえるのは、何組ですか。

解答➔P.118

何点とれた？ 点

最後の仕上げ!

84 まとめテスト2

表裏10分!

月　日

1 次の計算をしましょう。

［5点×4］

(1)　$(-2a)\times(-3bc)$

［　　　　］

(2)　$(28a-35b)\div\frac{7}{8}$

［　　　　］

(3)　$(-36xy^2)\div 15y$

［　　　　］

(4)　$27x^2\div(-3xy)^2\times 4y^2$

［　　　　］

2 次の方程式を解きましょう。

［5点×4］

(1)　$\begin{cases} 3x+2y=11 \\ 7x+5y=24 \end{cases}$

［　　　　］

(2)　$\begin{cases} 0.4x-0.6y=1.2 \\ x-y=-4 \end{cases}$

［　　　　］

(3)　$\begin{cases} 6x+y=25 \\ 3(x-1)-2y=7 \end{cases}$

［　　　　］

(4)　$x-2y=4x+y=6$

［　　　　］

3 右の図の直線の式を求めましょう。

［6点×3］

(1)　［　　　　］

(2)　［　　　　］

(3)　［　　　　］

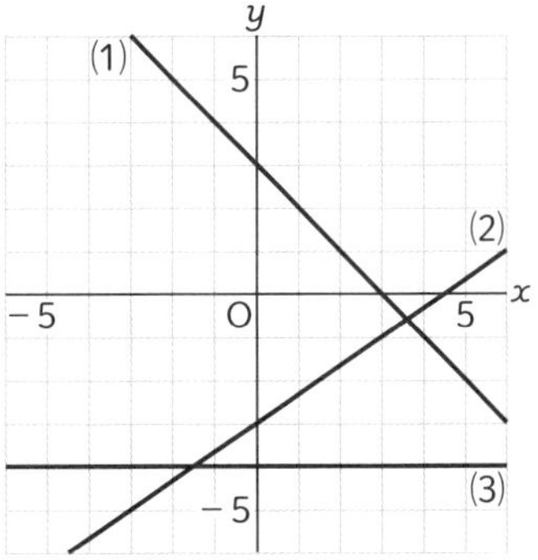

裏面に続くよ

4 次の図で、$\ell /\!/ m$ のとき、$\angle x$ の大きさを求めましょう。　［6点×2］

(1)

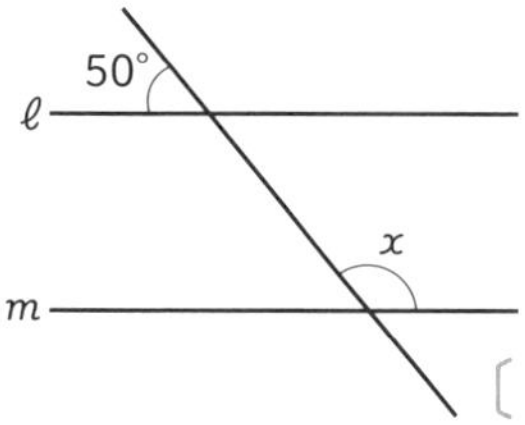

〔　　　　〕

(2)

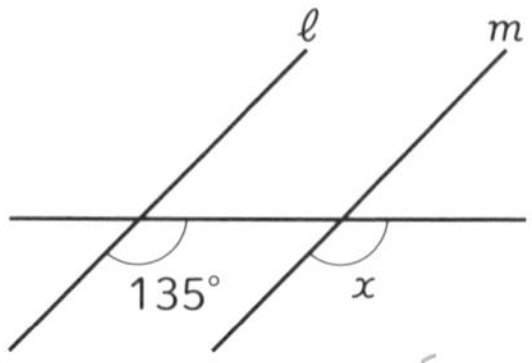

〔　　　　〕

5 右の図は、平行四辺形ABCDで、点Eは辺BCの中点で、線分ACと線分DEの交点をFとするとき、次の問いに答えましょう。　［8点×2］

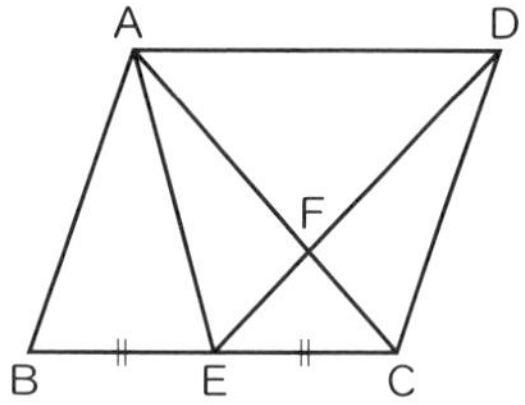

(1)　△ABEと面積が等しい三角形を答えましょう。

〔　　　　〕

(2)　△AEF＝△DCFであることを、次のように証明しました。□の中をうめて証明を完成させましょう。

（証明）　△AEF＝△AEC－△□　……①

△DCF＝△DCE－△□　……②

底辺□が共通で、AD//BCだから、△AEC＝△□……③

①、②、③より、△AEF＝△DCF

6 当たりくじが3本入った6本のくじが箱の中に入っており、この中からくじを、まずAが1本ひき、続いてBが1本ひくとき、次の問いに答えましょう。　［7点×2］

(1)　Aが当たりくじをひく確率を求めましょう。

〔　　　　〕

(2)　2人とも当たりくじをひく確率を求めましょう。

〔　　　　〕

解答 ➔ P.119

何点とれた？

点

解答編

1章　式の計算

1 単項式と多項式

❶ 単項式…イ、エ
多項式…ア、ウ、オ、カ

❷ (1)　項…x、4　係数…x の係数は1
(2)　項…x^2、$-3y$
係数…x^2の係数は1
yの係数は-3
(3)　項…$-ab$、$5c$
係数…ab の係数は-1
cの係数は5

解き方

❶ イ、エのように、数と文字について乗法だけでできている式が単項式、ア、ウ、オ、カのように、単項式の和の形で表された式が多項式である。

❷ (1)　多項式$x+4$において、1つ1つの単項式x、4が項であり、文字の項はxで、その係数は1である。

2 式の次数

❶ (1)　2　(2)　2　(3)　4

❷ (1)　1次式　(2)　2次式
(3)　3次式　(4)　5次式

❸ (1)　単項式…ア、エ
多項式…イ、ウ
(2)　ア…2次式　イ…1次式
ウ…3次式　エ…3次式

解き方

❶ かけあわされている文字の個数が次数である。
(1)　xとyの2個の文字がかけあわされているから、次数は2
(2)　mが2個かけあわされているから、次数は2

❷ 各項の次数のうちで最も大きいものが多項式の次数である。
(1)　aの次数は1、$-b$の次数は1で等しいから、1次式
(2)　x^2の次数は2、$3x$の次数は1だから、次数が最も大きいものはx^2で、2次式

❸ (2)　ア…a^2は単項式で、aが2個かけあわされているから、次数は2で、2次式

3 多項式の加法と減法①

❶ (1)　$6a$と$2a$、$3b$と$5b$
(2)　$2x^2$と$-4x^2$、$-3x$と$7x$

❷ (1)　$10xy$　(2)　$9x-6y$
(3)　$a+6ab$　(4)　$13x^2-5x$
(5)　$-7a-8b$　(6)　$\frac{1}{6}x+3xy$

解き方

❶ (1)　文字の部分が同じである$6a$と$2a$、$3b$と$5b$は、それぞれ同類項である。

❷ (1)　$8xy+2xy$
$=(8+2)xy$
$=10xy$

(3)　$3a+4ab-2a+2ab$
$=3a-2a+4ab+2ab$
$=(3-2)a+(4+2)ab$
$=a+6ab$

(4)　$7x^2-4x+6x^2-x$
$=7x^2+6x^2-4x-x$
$=(7+6)x^2+(-4-1)x$
$=13x^2-5x$

(6)　$\frac{1}{3}x-7xy-\frac{1}{6}x+10xy$
$=\frac{1}{3}x-\frac{1}{6}x-7xy+10xy$
$=\left(\frac{1}{3}-\frac{1}{6}\right)x+(-7+10)xy$
$=\frac{1}{6}x+3xy$

やりがちミス!

❶(2)で、$2x^2$ と $-3x$ を同類項と答えないように。文字が同じでも次数が異なる場合は、同類項ではないよ。

4 多項式の加法と減法②

❶ (1)　$9a-2b$　(2)　$13x-8xy$
(3)　$-a^2+7a$　(4)　$-8x-11y+10$

❷ (1)　$6x-4y$　(2)　$5a+14b$
(3)　$-15x^2+7x$

解き方

❶ 加法は、そのままかっこをはずし、同類項をまとめる。減法は、各項の符号を変えてかっこをはずし、同類項をまとめる。

(1) $(3a-4b)+(6a+2b)$
$=3a-4b+6a+2b$
$=9a-2b$

(3) $(6a^2+5a)-(7a^2-2a)$
$=6a^2+5a-7a^2+2a$
$=-a^2+7a$

❷ 特に、減法では、符号のミスに注意しよう。

(2)
$$\begin{array}{r} 6a+10b \\ -)\ \ a-\ 4b \\ \hline \end{array} \rightarrow \begin{array}{r} 6a+10b \\ +)\ -a+\ 4b \\ \hline 5a+14b \end{array}$$

5 多項式の計算①

❶ (1) $12a+6b$　(2) $14x-16y$
(3) $-20a+36b$　(4) $12x-42y$
(5) $20a+30b-5$　(6) $2x+3y$
(7) $-4a+3b$　(8) $x-6y$
(9) $45a-25b$

解き方

❶ (1) $3(4a+2b)$
$=3\times4a+3\times2b$
$=12a+6b$

(2) $2(7x-8y)$
$=2\times7x+2\times(-8y)$
$=14x-16y$

(3) $-4(5a-9b)$
$=-4\times5a-4\times(-9b)$
$=-20a+36b$

(6) $(6x+9y)\div3$
$=(6x+9y)\times\dfrac{1}{3}=6x\times\dfrac{1}{3}+9y\times\dfrac{1}{3}=2x+3y$

または、

$(6x+9y)\div3=\dfrac{6x+9y}{3}=\dfrac{6x}{3}+\dfrac{9y}{3}=2x+3y$

(7) $(20a-15b)\div(-5)$
$=(20a-15b)\times\left(-\dfrac{1}{5}\right)$
$=-4a+3b$

(9) $(18a-10b)\div\dfrac{2}{5}$
$=(18a-10b)\times\dfrac{5}{2}$
$=18a\times\dfrac{5}{2}-10b\times\dfrac{5}{2}$
$=45a-25b$

ここも大事!

逆数

分数でわるとき、わる数の逆数をつくってかければ、多項式と数の乗法と同じ計算になる。

6 多項式の計算②

❶ (1) $10a-2b$　(2) $17x-7y$
(3) $\dfrac{11a-5b}{6}$　(4) $\dfrac{4x+13y}{15}$

解き方

❶ (1) $3(2a+6b)+4(a-5b)=6a+18b+4a-20b$
$=10a-2b$

(2) $5(7x-3y)-2(9x-4y)=35x-15y-18x+8y$
$=17x-7y$

(3) $\dfrac{3a-4b}{2}+\dfrac{2a+7b}{6}$
$=\dfrac{3(3a-4b)}{6}+\dfrac{2a+7b}{6}$
$=\dfrac{9a-12b+2a+7b}{6}$
$=\dfrac{11a-5b}{6}$

(4) $\dfrac{8x+y}{5}-\dfrac{4x-2y}{3}$
$=\dfrac{3(8x+y)}{15}-\dfrac{5(4x-2y)}{15}$
$=\dfrac{3(8x+y)-5(4x-2y)}{15}$
$=\dfrac{24x+3y-20x+10y}{15}$
$=\dfrac{4x+13y}{15}$

7 単項式の乗法と除法①

❶ (1) $6ab$　(2) $28x^2y$
(3) $-24ab^2$　(4) $9x$
(5) $-5ab$　(6) $-\dfrac{1}{4}xy^2$

解き方

❶ (1) $2a\times3b=2\times3\times a\times b=6ab$

(2) $(-4x)\times(-7xy)=(-4)\times(-7)\times x\times x\times y$
$=28x^2y$

(3) $(-6a)\times(-2b)^2=(-6a)\times(-2b)\times(-2b)$
$=(-6)\times(-2)\times(-2)\times a\times b\times b=-24ab^2$

(4) $18xy\div2y=\dfrac{18xy}{2y}=9x$

または、$18xy\div2y=18xy\times\dfrac{1}{2y}=9x$

(5) $(-25a^2b)\div5a$
$=\dfrac{-25a^2b}{5a}=-5ab$

(6) $\frac{1}{6}x^2y^3 \div \left(-\frac{2}{3}xy\right)$

$= \frac{x^2y^3}{6} \div \left(-\frac{2xy}{3}\right)$

$= \frac{x^2y^3}{6} \times \left(-\frac{3}{2xy}\right)$

$= \frac{-3\times x\times x\times y\times y\times y}{6\times 2\times x\times y} = -\frac{1}{4}xy^2$

8 単項式の乗法と除法②

1 (1) $10a$　(2) $-35y$

(3) $\frac{4a}{b}$　(4) $-15x^2$

(5) $-\frac{4}{3}$　(6) $-\frac{1}{4}ab$

解き方

1 (1) $15a^2 \div 3ab \times 2b$

$= 15a^2 \times \frac{1}{3ab} \times 2b$

$= \frac{15a^2\times 1\times 2b}{3ab} = 10a$

(3) $(-16a^2b) \div 4ab \div (-b)$

$= (-16a^2b) \times \frac{1}{4ab} \times \left(-\frac{1}{b}\right)$

$= \frac{16a^2b\times 1\times 1}{4ab\times b} = \frac{4a}{b}$

(4) $4x \times 6x^2y \div \left(-\frac{8}{5}xy\right)$

$= 4x \times 6x^2y \div \left(-\frac{8xy}{5}\right)$

$= 4x \times 6x^2y \times \left(-\frac{5}{8xy}\right)$

$= -\frac{4x\times 6x^2y\times 5}{8xy} = -15x^2$

(5) $12xy^2 \div \left(\frac{3}{2}y\right)^2 \div (-4x)$

$= 12xy^2 \div \frac{9}{4}y^2 \div (-4x)$

$= 12xy^2 \times \frac{4}{9y^2} \times \left(-\frac{1}{4x}\right)$

$= -\frac{12xy^2\times 4\times 1}{9y^2\times 4x} = -\frac{4}{3}$

9 単項式の乗法と除法③

1 (1) 66　(2) -10　(3) 54

(4) 18

2 (1) 9　(2) $-\frac{45}{4}$

1 (1) $4(a-5b)+2(3a+b)$

$=4a-20b+6a+2b$

$=10a-18b=10\times 3-18\times(-2)=66$

(3) $45ab^2 \div (-5b)$

$= -\frac{45ab^2}{5b} = -9ab$

$= -9\times 3\times(-2) = 54$

(4) $(-24a^3b^2) \div 8a^2b$

$= -\frac{24a^3b^2}{8a^2b} = -3ab$

$= -3\times 3\times(-2) = 18$

2 (2) $10xy^2 \div (-6x^2y^2) \times 3x^3y^2$

$= 10xy^2 \times \left(-\frac{1}{6x^2y^2}\right) \times 3x^3y^2$

$= -\frac{10xy^2\times 1\times 3x^3y^2}{6x^2y^2} = -5x^2y^2$

$= -5\times(-6)^2\times\left(\frac{1}{4}\right)^2 = -\frac{45}{4}$

2 (2)で、2乗の値を計算するとき、かっこをつけないと、$-5\times -6^2\times \frac{1^2}{4}$のような計算ミスをしやすい。

10 文字式の利用①

1 ① 3　② 3　③ 整数

2 ① 2　② 2　③ 整数

解き方

1 aの倍数であることの説明では、$a\times$(整数)の形を導けばよい。

11 文字式の利用②

1 ① 3　② $n+1$

2 ① $10x+y$　② $10y+x$

③ $(10x+y)+(10y+x)$

$=10x+y+10y+x$

$=11x+11y=11(x+y)$

④ $x+y$　⑤ $11(x+y)$

解き方

❷ もとの数は$10x+y$、位の数を入れかえた数は$10y+x$となる。あとは、2数の和が$11\times$(整数)の形になることを導けばよい。

12 文字式の利用③

❶ (1) $b=-8-a$　(2) $x=5y$

(3) $c=180-a-b$

(4) $y=-8+\dfrac{7}{4}x$

(5) $r=\dfrac{\ell}{2\pi}$　(6) $h=\dfrac{3V}{a^2}$

(7) $n=\dfrac{\ell}{2}-m$　(8) $a=\dfrac{2S}{h}-b$

解き方

❶ (1) $a+b=-8$

aを移項すると、

$b=-8-a$

(2) $y=\dfrac{1}{5}x$

両辺を入れかえると、

$\dfrac{1}{5}x=y$

両辺に5をかけると、

$x=5y$

(4) $7x-4y=32$

$7x$を移項すると、

$-4y=32-7x$

両辺を-4でわると、

$y=-8+\dfrac{7}{4}x$

(6) $V=\dfrac{1}{3}a^2h$

両辺を入れかえると、

$\dfrac{1}{3}a^2h=V$

両辺に3をかけると、

$a^2h=3V$

両辺をa^2でわると、

$h=\dfrac{3V}{a^2}$

(7) $\ell=2(m+n)$

両辺を入れかえると、

$2(m+n)=\ell$

両辺を2でわると、

$m+n=\dfrac{\ell}{2}$

mを移項すると、

$n=\dfrac{\ell}{2}-m$

(8) $S=\dfrac{(a+b)h}{2}$

両辺を入れかえると、

$\dfrac{(a+b)h}{2}=S$

両辺に2をかけると、

$(a+b)h=2S$

両辺をhでわると、

$a+b=\dfrac{2S}{h}$

bを移項すると、

$a=\dfrac{2S}{h}-b$

13 確認問題1

❶ (1) 項…$2x$、-7

係数…xの係数は2

(2) 項…$-x^2$、$-5y$

係数…x^2の係数は-1

yの係数は-5

❷ (1) 1次式　(2) 3次式

❸ (1) $24a+20b$　(2) $-8x+14y$

(3) $5a-9b$　(4) $8x-3y$

(5) $\dfrac{11a-4b}{5}$

❹ (1) $-4y$　(2) $-\dfrac{21}{2}ab^2$

(3) $15x$

❺ (1) -33　(2) 36

❻ (1) $b=-4+\dfrac{7}{3}a$

(2) $z=\dfrac{S}{2}-x-y$

❼ ① $10x+y$　② $10y+x$

③ $(10x+y)-(10y+x)$

$=10x+y-10y-x$

$=9x-9y=9(x-y)$

④ $x-y$　⑤ $9(x-y)$

解き方

❸ (5) $\dfrac{2a+7b}{10}+\dfrac{4a-3b}{2}=\dfrac{2a+7b}{10}+\dfrac{5(4a-3b)}{10}$

$=\dfrac{2a+7b+5(4a-3b)}{10}=\dfrac{2a+7b+20a-15b}{10}$

$=\dfrac{22a-8b}{10}=\dfrac{11a-4b}{5}$

❹ (2) $(-24a^2b)\div(-4a)^2\times 7ab$

$=(-24a^2b)\div 16a^2\times 7ab$

$=(-24a^2b)\times\dfrac{1}{16a^2}\times 7ab$

$= -\dfrac{24a^2b \times 1 \times 7ab}{16a^2}$

$= -\dfrac{21}{2}ab^2$

❺ (2)　$9x^2y \div (-6xy^2) \times 2y^2$

$= 9x^2y \times \left(-\dfrac{1}{6xy^2}\right) \times 2y^2$

$= -\dfrac{9x^2y \times 1 \times 2y^2}{6xy^2}$

$= -3xy$

$= -3 \times (-3) \times 4 = 36$

❻ (1)　$7a - 3b = 12$

$7a$を移項すると、

$-3b = 12 - 7a$

両辺を-3でわると、

$b = -4 + \dfrac{7}{3}a$

(2)　$S = 2(x + y + z)$

両辺を入れかえると、

$2(x + y + z) = S$

両辺を2でわると、

$x + y + z = \dfrac{S}{2}$

x、yを移項すると、

$z = \dfrac{S}{2} - x - y$

2章　連立方程式

14 連立方程式とその解

❶ イ

❷ ア

解き方

❶ x、yそれぞれの値を代入して、左辺＝右辺となる式を見つける。

ア　$x=2$、$y=4$を代入すると、左辺$=3\times2+4=10$

右辺$=7$

イ　$x=3$、$y=-2$を代入すると、

左辺$=3\times3+(-2)=7$

右辺$=7$

❷ $x=-3$、$y=4$を代入して、等式が成り立つものを見つける。

ア…上の式の左辺$=2\times(-3)-4=-10$

上の式の右辺$=-10$

下の式の左辺$=5\times(-3)+3\times4=-3$

下の式の右辺$=-3$

15 連立方程式の解き方（加減法）①

❶ (1)　$x=4$、$y=2$

(2)　$x=3$、$y=-1$

(3)　$x=-2$、$y=5$

(4)　$x=6$、$y=-3$

解き方

以下、与えられた連立方程式で、上の式を①、下の式を②とする。

❶ (1)　①　$4x+y=18$

②　$-)\ 3x+y=14$

$x \qquad = 4$

$x=4$を①に代入すると、

$4\times4+y=18$、$y=2$

よって、$x=4$、$y=2$

(2)　①　$x-\ y=4$

②　$-)\ x+5y=-2$

$-6y=6$

$y=-1$

$y=-1$を①に代入すると、

$x-(-1)=4$、$x=3$

よって、$x=3$、$y=-1$

(3)　①　$3x-2y=-16$

②　$+)\ 7x+2y=-4$

$10x \qquad =-20$

$x=-2$

$x=-2$を①に代入すると、

$3\times(-2)-2y=-16$、$y=5$

よって、$x=-2$、$y=5$

(4)　①　$5x+6y=12$

②　$+)\ -5x-\ y=-27$

$5y=-15$

$y=-3$

$y=-3$を①に代入すると、

$5x+6\times(-3)=12$、$x=6$

よって、$x=6$、$y=-3$

16 連立方程式の解き方（加減法）②

❶ (1)　$x=-1$、$y=2$

(2)　$x=3$、$y=-2$

(3)　$x=-4$、$y=-1$

(4)　$x=-6$、$y=7$

解き方

❶ (1)　①×2　$10x+2y=-6$

②　$-)\ 3x+2y=1$

$7x \qquad =-7$

$x=-1$

$x=-1$を②に代入すると、
$3\times(-1)+2y=1$、$y=2$
よって、$x=-1$、$y=2$

(2) ①　$3x+4y=1$
②×3　−) $3x-18y=45$
$22y=-44$
$y=-2$
$y=-2$を②に代入すると、
$x-6\times(-2)=15$、$x=3$
よって、$x=3$、$y=-2$

(3) ①　$7x-5y=-23$
②×5　+) $10x+5y=-45$
$17x=-68$
$x=-4$
$x=-4$を②に代入すると、
$2\times(-4)+y=-9$、$y=-1$
よって、$x=-4$、$y=-1$

(4) ①×4　$4x+12y=60$
②　+) $-4x-7y=-25$
$5y=35$
$y=7$
$y=7$を①に代入すると、
$x+3\times7=15$、$x=-6$
よって、$x=-6$、$y=7$

やりがちミス!

両辺を○倍するとき、右辺の数も○倍することを忘れないように注意しよう。

17 連立方程式の解き方(加減法)③

1 (1) $x=1$、$y=-2$
(2) $x=2$、$y=1$
(3) $x=5$、$y=-4$
(4) $x=-2$、$y=1$

解き方

1 (1) ①×3　$9x+12y=-15$
②×4　−) $32x+12y=8$
$-23x=-23$
$x=1$
$x=1$を①に代入すると、
$3\times1+4y=-5$、$y=-2$
よって、$x=1$、$y=-2$

(2) ①×2　$10x-8y=12$
②×5　+) $-10x+45y=25$
$37y=37$
$y=1$
$y=1$を①に代入すると、
$5x-4\times1=6$、$x=2$
よって、$x=2$、$y=1$

(3) ①×2　$10x+12y=2$
②×3　+) $-21x-12y=-57$
$-11x=-55$
$x=5$
$x=5$を①に代入すると、
$5\times5+6y=1$、$y=-4$
よって、$x=5$、$y=-4$

(4) ①×5　$25x-40y=-90$
②×4　+) $36x+40y=-32$
$61x=-122$
$x=-2$
$x=-2$を①に代入すると、
$5\times(-2)-8y=-18$、$y=1$
よって、$x=-2$、$y=1$

18 連立方程式の解き方(加減法)④

1 (1) $x=-1$、$y=3$
(2) $x=4$、$y=-3$
(3) $x=-2$、$y=-5$
(4) $x=-4$、$y=2$

解き方

1 (1) ①の式の両辺を10倍する。
$\begin{cases} x+2y=5 & \cdots①' \\ 3x-2y=-9 & \cdots② \end{cases}$
①′　$x+2y=5$
②　+) $3x-2y=-9$
$4x=-4$
$x=-1$
$x=-1$を①′に代入すると、$y=3$
よって、$x=-1$、$y=3$

(4) ①の式の両辺を14倍、②の式の両辺を36倍する。
$\begin{cases} 2x+7y=6 & \cdots①' \\ 16x+33y=2 & \cdots②' \end{cases}$
①′×8　$16x+56y=48$
②′　−) $16x+33y=2$
$23y=46$
$y=2$
$y=2$を①′に代入すると、$x=-4$
よって、$x=-4$、$y=2$

19 連立方程式の解き方（代入法）①

1 (1) $x=3$、$y=-2$

(2) $x=-1$、$y=-3$

(3) $x=-4$、$y=2$

(4) $x=1$、$y=5$

解き方

1 (1) ①を②に代入すると、

$4x+(2x-8)=10$

$6x-8=10$、$x=3$

$x=3$を①に代入すると、

$y=2\times3-8=-2$

よって、$x=3$、$y=-2$

(3) ①を②に代入すると、

$2(y-6)+3y=-2$

$2y-12+3y=-2$、$y=2$

$y=2$を①に代入すると、

$x=2-6=-4$

よって、$x=-4$、$y=2$

20 連立方程式の解き方（代入法）②

1 (1) $x=1$、$y=4$

(2) $x=-3$、$y=2$

(3) $x=-2$、$y=2$

(4) $x=-5$、$y=-4$

解き方

1 (1) ①をyについて解くと、

$y=-2x+6$…①′

①′を②に代入すると、

$8x-3(-2x+6)=-4$

$8x+6x-18=-4$、$x=1$

$x=1$を①′に代入すると、

$y=-2\times1+6=4$

よって、$x=1$、$y=4$

(3) ①をxについて解くと、

$x=-3y+4$…①′

①′を②に代入すると、

$3(-3y+4)-7y=-20$

$-9y+12-7y=-20$、$y=2$

$y=2$を①′に代入すると、

$x=-3\times2+4=-2$

よって、$x=-2$、$y=2$

21 いろいろな連立方程式の解き方①

1 (1) $x=4$、$y=-2$

(2) $x=2$、$y=1$

(3) $x=-1$、$y=5$

(4) $x=-4$、$y=-2$

解き方

1 (1) ①の式のかっこをはずして整理する。

$\begin{cases} 2x-3y=14 & \cdots①' \\ 5x+2y=16 & \cdots② \end{cases}$

$$\begin{array}{lrcl} ①'\times2 & 4x-6y & = & 28 \\ ②\times3\ +) & 15x+6y & = & 48 \\ \hline & 19x & = & 76 \\ & x & = & 4 \end{array}$$

$x=4$を②に代入すると、$y=-2$

よって、$x=4$、$y=-2$

22 いろいろな連立方程式の解き方②

1 (1) $x=1$、$y=-3$

(2) $x=5$、$y=6$

(3) $x=-4$、$y=2$

解き方

1 (1) $x-y=7x+y=4$ →2つの式をつくる

$\begin{cases} x-y=4 & \cdots① \\ 7x+y=4 & \cdots② \end{cases}$ ← $\begin{cases} A=C \\ B=C \end{cases}$ の形

$$\begin{array}{lrcl} ① & x-y & = & 4 \\ ②\ +) & 7x+y & = & 4 \\ \hline & 8x & = & 8 \\ & x & = & 1 \end{array}$$

$x=1$を②に代入すると、$y=-3$

よって、$x=1$、$y=-3$

(3) $5x+8y+2=3x+5y=-x-3y$

→2つの式をつくると、

$\begin{cases} 5x+8y+2=3x+5y \\ 3x+5y=-x-3y \end{cases}$ ← $\begin{cases} A=B \\ B=C \end{cases}$ の形

$\begin{cases} 2x+3y=-2 & \cdots① \\ 4x+8y=0 & \cdots② \end{cases}$

$$\begin{array}{lrcl} ①\times2 & 4x+6y & = & -4 \\ ② & -)\ 4x+8y & = & 0 \\ \hline & -2y & = & -4 \\ & y & = & 2 \end{array}$$

$y=2$を②に代入すると、$x=-4$

よって、$x=-4$、$y=2$

23 連立方程式の利用①

1 (1) $\begin{cases} 3x+4y=720 \\ 8x+5y=1240 \end{cases}$

(2) みかん…80円　りんご…120円

解き方

1 (1) 個数と代金の関係から、2つの方程式をつくる。

(2) (1)より、$\begin{cases} 3x+4y=720 & \cdots① \\ 8x+5y=1240 & \cdots② \end{cases}$

①×5－②×4より、$-17x=-1360$、$x=80$

$x=80$を①に代入すると、$3\times80+4y=720$、

$4y=480$、$y=120$

$x=80$、$y=120$は問題にあっている。

よって、みかん1個80円、りんご1個120円

24 連立方程式の利用②

1 (1) $\begin{cases} x+y=420 \\ \dfrac{95}{100}x+\dfrac{106}{100}y=420+1 \end{cases}$

(2) 男子…220人　女子…200人

(3) 男子…209人　女子…212人

解き方

1 (2) (1)より、$\begin{cases} x+y=420 & \cdots① \\ \dfrac{95}{100}x+\dfrac{106}{100}y=421 & \cdots② \end{cases}$

②×100より、$95x+106y=42100$…②′

①×95－②′より、$-11y=-2200$、$y=200$

$y=200$を①に代入すると、$x+200=420$、

$x=220$

$x=220$、$y=200$は問題にあっている。

よって、去年の男子220人、去年の女子200人

(3) 今年の男子の人数は、$\dfrac{95}{100}\times220=209$(人)

今年の女子の人数は、$\dfrac{106}{100}\times200=212$(人)

やりがちミス!

この問題では、x、yの値がそのまま答え（今年の男子、女子の人数）になるわけではないことに注意しよう。

ここも大事!

増加した人数から式をたてる

1 (2)の②の式は、男子が5%減り、女子が6%増え、全体で1人増えたことから、$-\dfrac{5}{100}x+\dfrac{6}{100}y=1$ としてもよい。

25 連立方程式の利用③

1 (1) $\begin{cases} x+y=150 \\ \dfrac{x}{45}+\dfrac{y}{60}=3 \end{cases}$

(2) AB間…90km　BC間…60km

解き方

1 (2) (1)より、$\begin{cases} x+y=150 & \cdots① \\ \dfrac{x}{45}+\dfrac{y}{60}=3 & \cdots② \end{cases}$

②×180より、$4x+3y=540$…②′

①×3－②′より、$-x=-90$、$x=90$

$x=90$を①に代入すると、$90+y=150$、$y=60$

$x=90$、$y=60$は問題にあっている。

よって、AB間の道のり90km、BC間の道のり60km

26 確認問題2

1 ウ

2 (1) $x=1$、$y=-2$

(2) $x=3$、$y=7$

(3) $x=-3$、$y=5$

(4) $x=-4$、$y=2$

(5) $x=-1$、$y=-4$

(6) $x=-6$、$y=-5$

3 (1) $x=4$、$y=-3$

(2) $x=-3$、$y=-1$

4 大人…500円　子ども…200円

5 男子…20人　女子…23人

解き方

2 (2)
$$\begin{array}{rrl} ①\times5 & 25x-15y & =-30 \\ ②\times3\ -) & 24x-15y & =-33 \\ \hline & x & =3 \end{array}$$

$x=3$を①に代入すると、

$5\times3-3y=-6$、$y=7$

よって、$x=3$、$y=7$

(4)　①を②に代入すると、
$4x+3(2x+10)=-10$
$4x+6x+30=-10$、$x=-4$
$x=-4$を①に代入すると、
$y=2\times(-4)+10=2$
よって、$x=-4$、$y=2$

❹ 大人1人の入園料をx円、子ども1人の入園料をy円として、人数と代金の関係から2つの方程式をつくると、

$$\begin{cases} 2x+3y=1600 & \cdots① \\ 3x+5y=2500 & \cdots② \end{cases}$$

①、②を解くと、$x=500$、$y=200$
$x=500$、$y=200$は問題にあっている。
よって、大人1人500円、子ども1人200円

❺ 去年の男子と女子の部員数をそれぞれx人、y人として、去年の人数の関係と今年の人数の関係について、それぞれ方程式をつくると、

$$\begin{cases} x+y=45 & \cdots① \\ \frac{80}{100}x+\frac{115}{100}y=45-2 & \cdots② \end{cases}$$

①、②を解くと、$x=25$、$y=20$
$x=25$、$y=20$は問題にあっている。
今年の男子の部員数は、$\frac{80}{100}\times25=20$(人)
今年の女子の部員数は、$\frac{115}{100}\times20=23$(人)

3章　1次関数

27　1次関数

❶ ア、ウ、エ

❷ (1)　ア…$y=-120x+1000$
イ…$y=\pi x^2$
ウ…$y=\frac{800}{x}$　エ…$y=2x+5$
(2)　ア、エ

解き方

❶ ア　$5x-y=1$より、$y=5x-1$…1次関数である
イ　$xy=-7$より、$y=-\frac{7}{x}$…1次関数でない
ウ　$y-\frac{x}{2}=0$より、$y=\frac{x}{2}$…1次関数である
エ　$\frac{y}{x}=9$より、$y=9x$…1次関数である
オ　$y=3x^2$…1次関数でない

❷ ことばの式にxやyをあてはめて考える。
(1)　ア　(おつり)
$=$(出した金額)$-$(リボンの代金)
イ　(円の面積)$=\pi\times$(半径)^2
ウ　(時間)$=\frac{(道のり)}{(速さ)}$
エ　(全部の水の量)
$=$(x分間に入れた水の量)$+$(はじめの水の量)
(2)　(1)のア〜エの式の中から、$y=ax+b$の形の式を見つける。

28　変化の割合

❶ (1)　5　　(2)　25　　(3)　5

❷ (1)　変化の割合…1　yの増加量…3
(2)　変化の割合…-2
yの増加量…-6

解き方

❶ (1)　$2-(-3)=5$
(2)　$(5\times2-1)-\{5\times(-3)-1\}=25$
(3)　$\frac{25}{5}=5$

❷ 1次関数$y=ax+b$において、変化の割合はaに等しい。また、yの増加量は、
(yの増加量)$=a\times$(xの増加量)で求める。
(1)　yの増加量は、$1\times3=3$
(2)　yの増加量は、$-2\times3=-6$

やりがちミス！

❷(1)で、xの増加量が3のときのyの増加量を、もとの1次関数の式$y=x+6$に代入して、9などと答えるのは間違いだよ。

29　1次関数のグラフのかき方

❶ ①　1、1　②　-2、1、2

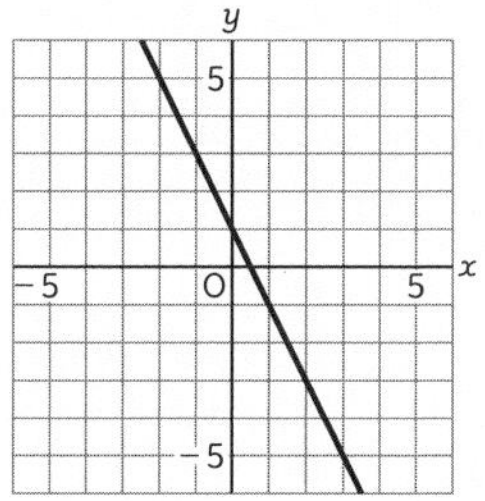

❷

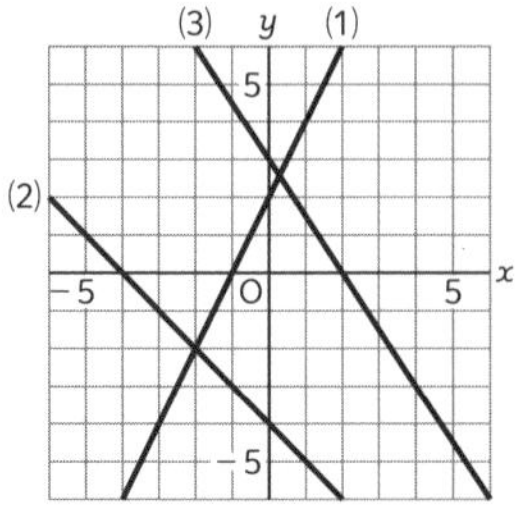

解き方

❷ (1)　切片が2だから、点(0、2)を通る。傾きが2だから、点(0、2)から右へ1、上へ2進んだ点(1、4)を通る。この2点を通る直線をひけばよい。

(2)　切片が−4だから、点(0、−4)を通る。傾きが−1だから、点(0、−4)から右へ1、下へ1進んだ点(1、−5)を通る。この2点を通る直線をかけばよい。

ここも大事!

別の点のとり方

❷(1)では、切片2よりとった点(0、2)と、切片からなるべく離れた点として、(−3、−4)をとり、この2点を通る直線をひいてもよい。通る2点は、なるべく離したほうが直線をひきやすい。

30 1次関数の式を求める①

❶ ①　−1、−1　　②　1、$-\frac{1}{2}$

$y=-\frac{1}{2}x-1$

❷ (1)　$y=\frac{5}{3}x-3$　　(2)　$y=-2x-2$

(3)　$y=-\frac{1}{3}x+3$

解き方

❷ (1)　点(0、−3)を通るので、切片は−3　また、点(0、−3)から右へ3進むと、上へ5進むので、傾きは$\frac{5}{3}$

よって、求める直線の式は、$y=\frac{5}{3}x-3$

(2)　点(0、−2)を通るので、切片は−2　また、点(0、−2)から右へ1進むと、下へ2進むので、傾きは−2

よって、求める直線の式は、　$y=-2x-2$

(3)　点(0、3)を通るので、切片は3　また、点(0、3)から右へ3進むと、下へ1進むので、傾きは$-\frac{1}{3}$

よって、求める直線の式は、　$y=-\frac{1}{3}x+3$

31 1次関数の式を求める②

❶ (1)　$y=3x+1$　(2)　$y=-\frac{1}{2}x-3$

(3)　$y=-x+5$　(4)　$y=\frac{2}{3}x-4$

解き方

❶ (1)　傾きが3だから、$y=3x+b$とおける。点(1、4)を通るから、この式に$x=1$、$y=4$を代入して、
$4=3\times1+b$、$b=1$
よって、求める直線の式は、$y=3x+1$

(3)　変化の割合が−1だから、$y=-x+b$とおける。この式に$x=2$、$y=3$を代入して、$3=-2+b$、$b=5$
よって、求める1次関数の式は、$y=-x+5$

(4)　変化の割合が$\frac{2}{3}$だから、$y=\frac{2}{3}x+b$とおける。

この式に$x=-3$、$y=-6$を代入して、

$-6=\frac{2}{3}\times(-3)+b$、$b=-4$

よって、求める1次関数の式は、$y=\frac{2}{3}x-4$

32 1次関数の式を求める③

❶ (1)　$y=3x-1$　(2)　$y=-\frac{3}{4}x+6$

(3)　$y=-4x-5$　(4)　$y=\frac{2}{5}x+2$

解き方

❶ (1)　傾きは$\frac{5-(-4)}{2-(-1)}=3$だから、$y=3x+b$とおける。

点(−1、−4)を通るから、$-4=3\times(-1)+b$、$b=-1$
よって、求める直線の式は、$y=3x-1$
〔別解〕$y=ax+b$に2点の座標の値を代入して、

$$\begin{cases} -4=-a+b & \cdots① \\ 5=2a+b & \cdots② \end{cases}$$

①、②をa、bの連立方程式としてを解くと、
$a=3$、$b=-1$
よって、求める直線の式は、$y=3x-1$

(2) 傾きは$\frac{0-9}{8-(-4)}=-\frac{3}{4}$だから、$y=-\frac{3}{4}x+b$とおける。

点(8、0)を通るから、$0=-\frac{3}{4}\times 8+b$、$b=6$

よって、求める直線の式は、$y=-\frac{3}{4}x+6$

(3) 変化の割合は$\frac{-9-7}{1-(-3)}=-4$だから、
$y=-4x+b$とおける。
この式に$x=-3$、$y=7$を代入して、
$7=-4\times(-3)+b$、$b=-5$
よって、求める1次関数の式は、$y=-4x-5$

(4) 変化の割合は$\frac{4-2}{5-0}=\frac{2}{5}$だから、$y=\frac{2}{5}x+b$とおける。

この式に$x=0$、$y=2$を代入して、$2=\frac{2}{5}\times 0+b$、$b=2$

よって、求める1次関数の式は、$y=\frac{2}{5}x+2$

33 2元1次方程式とグラフ①

1 (1) $y=-x+4$　(2) $y=3x-1$

(3) $y=-\frac{1}{2}x+2$　(4) $y=\frac{3}{2}x$

(5) $y=-\frac{5}{2}x-5$

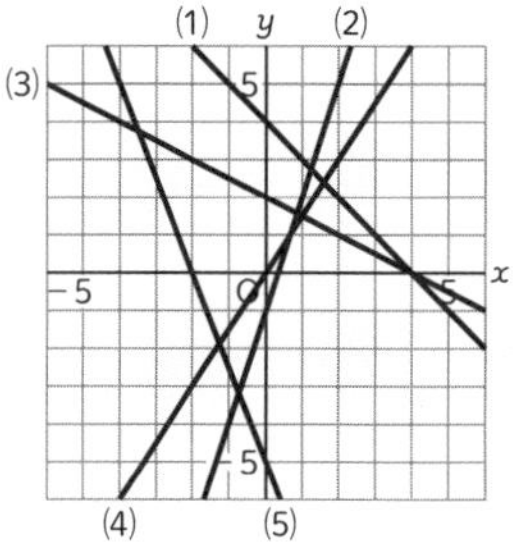

解き方

1 (1) $x+y=4$を$y=\sim$の形に変形すると、$y=-x+4$
したがって、傾き-1、切片4の直線をひけばよい。

(3) $x+2y=4$を$y=\sim$の形に変形すると、
$y=-\frac{1}{2}x+2$

したがって、傾き$-\frac{1}{2}$、切片2の直線をひけばよい。

(5) $5x+2y+10=0$を$y=\sim$の形に変形すると、
$y=-\frac{5}{2}x-5$

したがって、傾き$-\frac{5}{2}$、切片-5の直線をひけばよい。

34 2元1次方程式とグラフ②

1 (1) $y=-2$　(2) $x=5$

(3)

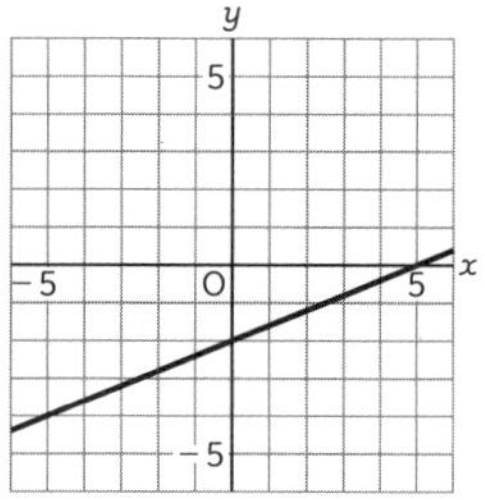

2

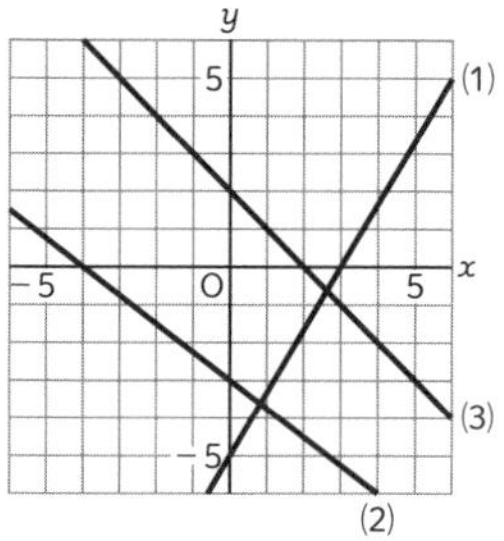

解き方

2 (1) 方程式$5x-3y=15$は、$x=0$のとき$y=-5$、$x=3$のとき$y=0$だから、この方程式のグラフは、2点(0、-5)、(3、0)を通る直線になる。

(2) 方程式$3x+4y+12=0$は、$x=0$のとき$y=-3$、$x=-4$のとき$y=0$だから、この方程式のグラフは、2点(0、-3)、(-4、0)を通る直線になる。

(3) 方程式$\frac{x}{4}+\frac{y}{4}=\frac{1}{2}$は、$x=2$のとき$y=0$、$x=0$のとき$y=2$だから、この方程式のグラフは、2点(2、0)、(0、2)を通る直線になる。

35 2元1次方程式とグラフ③

❶ (1) $y=5$　　(2) $x=-4$

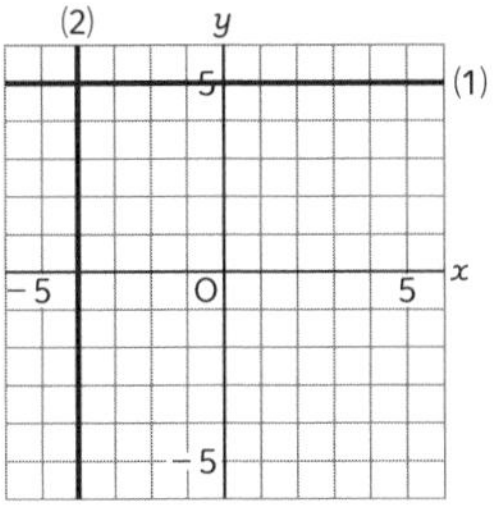

❷

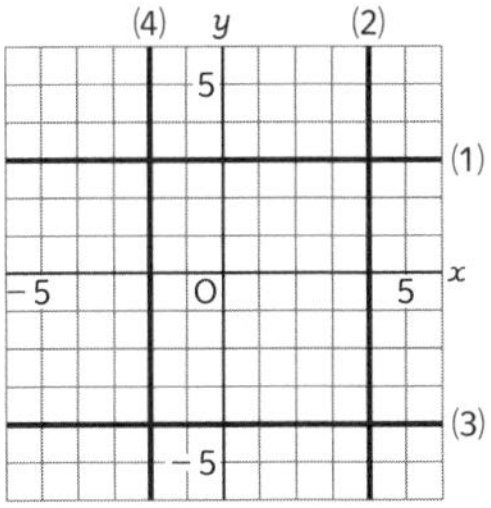

解き方

❷ (1)　$3y=9$の両辺を3でわると、$y=3$
したがって、点(0、3)を通り、x軸に平行な直線をひけばよい。

36 連立方程式とグラフ

❶ (1) $x=3$、$y=-3$

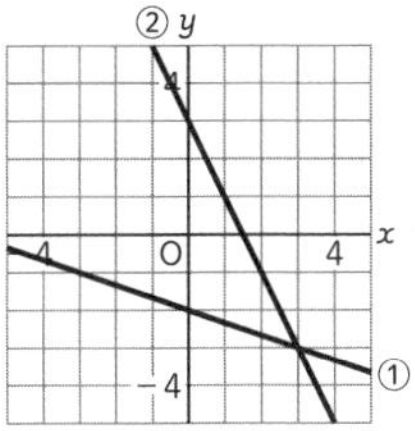

(2) $x=-1$、$y=2$

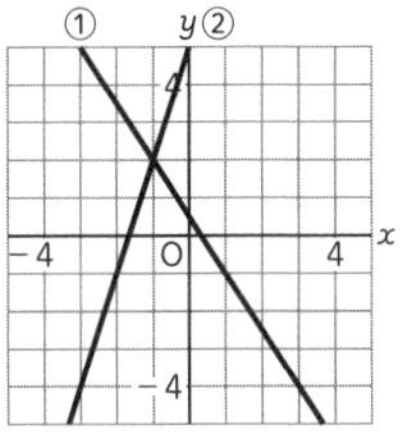

37 1次関数のグラフの利用

❶ (1)　10分間　　(2) $y=\frac{1}{10}x$

(3)

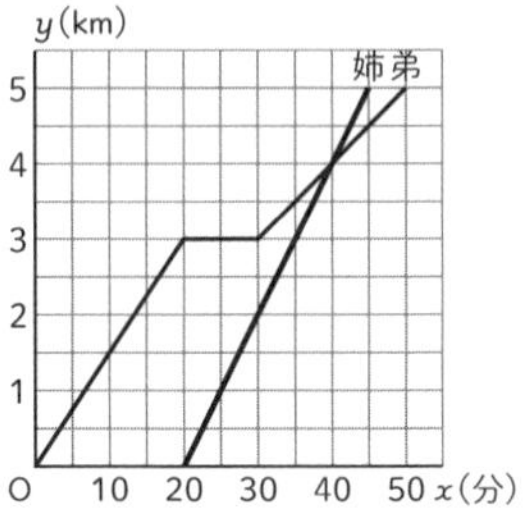

(4)　追いつく時間…40分後
追いつく地点…4kmの地点

解き方

❶ (1)　グラフより、弟が公園に到着したのは、スタートしてから20分後、公園を出発したのは、スタートしてから30分後だから、休憩した時間は、
$30-20=10$(分間)

(2)　休憩後の弟が進む速さは、$\frac{1}{10}$(km/分)

弟が進むようすを表す直線の式を$y=\frac{1}{10}x+b$とする。この式に$x=30$、$y=3$を代入すると、
$3=\frac{1}{10}\times 30+b$、$b=0$

よって、求める直線の式は、$y=\frac{1}{10}x$

(3)　姉が進むようすを表す直線は2点(20、0)、(45、5)を通る。直線の式を求めると、$y=\frac{1}{5}x-4$

38 1次関数と図形

❶ (1)　式…$y=3x$　変域…$0 \leqq x \leqq 4$
(2)　式…$y=12$　変域…$4 \leqq x \leqq 10$
(3)

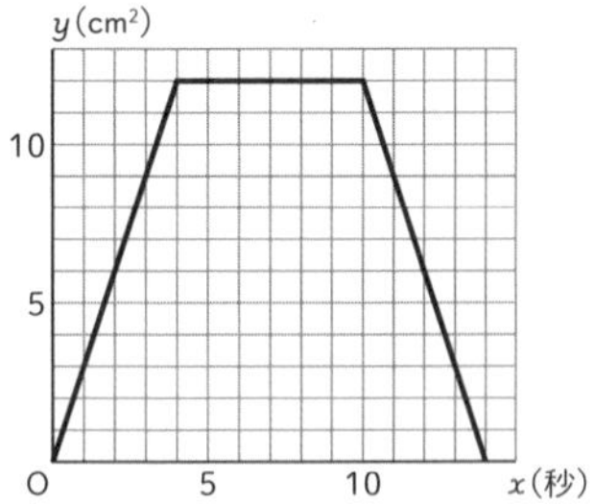

解き方

❶ (1)　AD＝6cm、
AP＝$x$cmだから、
$y=\frac{1}{2}\times6\times x=3x$
AB＝4cmだから、
xの変域は、$0\leqq x\leqq4$

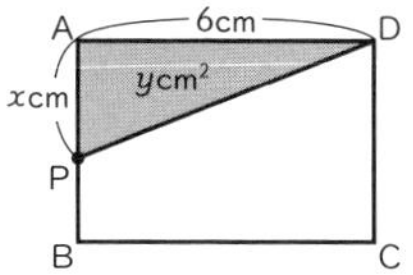

(2)　点Pの位置に関係なく、AD＝6cm、
AB＝4cmだから、
$y=\frac{1}{2}\times6\times4=12$
AB＋BC＝4＋6
＝10(cm)だから、
xの変域は、$4\leqq x\leqq10$

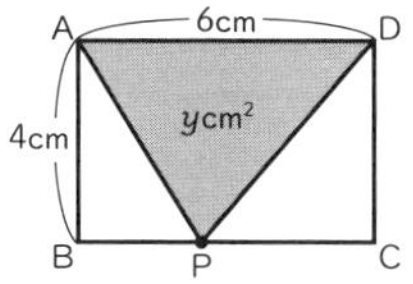

(3)　点Pが辺CD上にあるとき、
AD＝6cm、
DP＝4＋6＋4－x
＝14－x(cm)
だから、
$y=\frac{1}{2}\times6\times(14-x)=42-3x$
AB＋BC＝4＋6＝10(cm)、
AB＋BC＋CD＝10＋4＝14(cm)だから、xの変域は、$10\leqq x\leqq14$

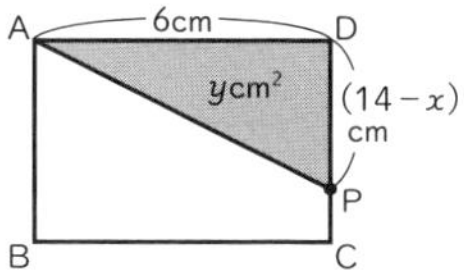

39　確認問題 3

❶ (1)　ア、エ　　(2)　ア、イ　　(3)　イ

❷ (1)　$y=-\frac{1}{2}x+5$　　(2)　$y=\frac{4}{3}x-4$

(3)　$y=2x+3$　　(4)　$y=-\frac{1}{3}x-\frac{5}{3}$

❸ (1)　$y=\frac{3}{4}x-1$　　(2)　$y=-3x+2$

❹

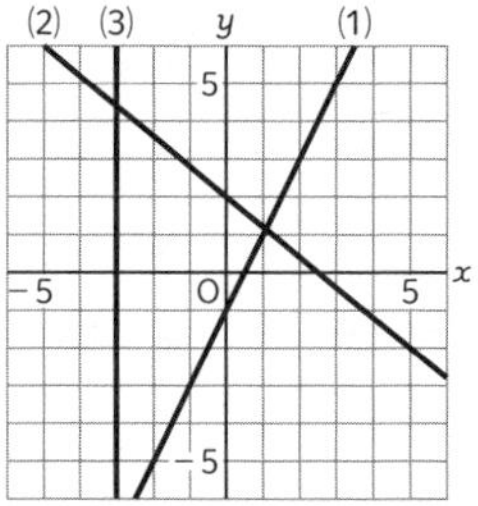

❺ (1)　$y=2x+6$　　(2)　(－1、4)

解き方

❷ (1)　傾きが$-\frac{1}{2}$だから、$y=-\frac{1}{2}x+b$とおける。
点(－4、7)を通るから、この式に$x=-4$、$y=7$を代入して、$7=-\frac{1}{2}\times(-4)+b$、$b=5$
よって、求める直線の式は、$y=-\frac{1}{2}x+5$

(3)　傾きが$\frac{13-9}{5-3}=2$だから、$y=2x+b$とおける。
点(3、9)を通るから、この式に$x=3$、$y=9$を代入して、$9=2\times3+b$、$b=3$
よって、求める直線の式は、$y=2x+3$

❸ (1)　傾きが$\frac{3}{4}$、切片が－1なので、求める直線の式は、$y=\frac{3}{4}x-1$

❹ (2)　$4x+5y-10=0$を$y=$～の形に変形すると、
$y=-\frac{4}{5}x+2$
傾き$-\frac{4}{5}$、切片2の直線をひけばよい。

❺ (1)　傾きが$\frac{6-0}{0-(-3)}=2$、切片が6だから、直線mの式は、$y=2x+6$

(2)　連立方程式$\begin{cases}y=-x+3\\y=2x+6\end{cases}$の解を求めると、
$x=-1$、$y=4$

4章　図形の性質

40　対頂角、同位角、錯角

❶ (1)　∠c　　(2)　∠h　　(3)　∠g
(4)　∠d　　(5)　∠h　　(6)　∠c

❷ (1)　50°　　(2)　100°　　(3)　100°

解き方

❶ (1)　∠aと向かい合う∠cが∠aの対頂角である。
(3)　2直線がつくる∠cと同じ位置にある∠gが∠cの同位角である。
(5)　2直線がつくる∠bと反対の位置にある∠hが∠bの錯角である。

❷ (1)　∠aは50°の角の対頂角で等しい。
(2)　一直線の角は180°だから、30°＋∠a＋∠b＝180°より、∠b＝180°－30°－50°＝100°
(3)　∠cは∠bの対頂角で等しい。

やりがちミス!

同位角と錯角で角の配置が異なるので、とりちがえないようにしよう。

41 平行線の性質

1 (1) 60°　(2) 115°　(3) 70°

2 (1) 40°　(2) 120°　(3) 45°

解き方

1 (1) $\ell /\!/ m$より、平行線の同位角は等しいから、
$\angle x = 60^\circ$

2 (1) $\ell /\!/ m$より、平行線の錯角は等しいから、
$\angle x = 40^\circ$

42 平行線になるための条件

1 (1) ○　(2) ○　(3) ×

2 $a /\!/ d$、$b /\!/ e$

解き方

1 (1) 同位角が等しいから、ℓとmは平行である。
(2) 80°の角の左の角は$180^\circ - 80^\circ = 100^\circ$
よって、錯角が等しいので、ℓとmは平行である。
(3) 90°の左の角は$180^\circ - 90^\circ = 90^\circ$
よって、同位角が等しくないから、ℓとmは平行でない。

2 錯角が75°で等しいから、aとdは平行である。
100°の右の角は$180^\circ - 100^\circ = 80^\circ$
よって、同位角が等しいので、bとeは平行である。

やりがちミス!

2直線がつくる角が75°で等しいことだけを見て、「aとcが平行」と答えないようにしよう。

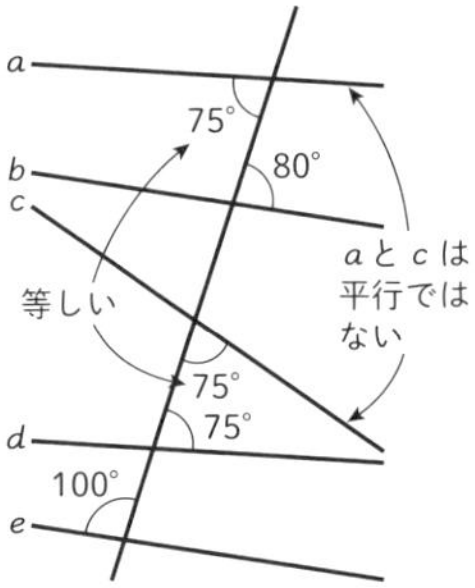

43 三角形の内角と外角

1 (1) 80°　(2) 85°　(3) 60°
(4) 115°　(5) 50°　(6) 55°

2 (1) 鈍角　(2) 鋭角

解き方

1 (1) $\angle x = 180^\circ - 40^\circ - 60^\circ = 80^\circ$
(2) $\angle x = 180^\circ - 55^\circ - 40^\circ = 85^\circ$
(4) $\angle x = 45^\circ + 70^\circ = 115^\circ$
(5) $\angle x + 80^\circ = 130^\circ$より、$\angle x = 130^\circ - 80^\circ = 50^\circ$

2 (1) 90°より大きく180°より小さい角なので、鈍角である。
(2) 0°より大きく90°より小さい角なので、鋭角である。

44 多角形の内角の和

1 (1) 900°　(2) 1440°
(3) 140°　(4) 150°

2 (1) 80°　(2) 115°　(3) 105°

解き方

1 (1) $180^\circ \times (7-2) = 900^\circ$
(3) 正九角形の内角の和は、
$180^\circ \times (9-2) = 1260^\circ$
よって、正九角形の1つの内角の大きさは、
$1260^\circ \div 9 = 140^\circ$

2 (1) 四角形の内角の和は360°である。
$\angle x = 360^\circ - 75^\circ - 65^\circ - 140^\circ = 80^\circ$
(2) 五角形の内角の和は540°である。
$\angle x = 540^\circ - 95^\circ - 120^\circ - 110^\circ - 100^\circ = 115^\circ$
(3) 六角形の内角の和は720°である。
$\angle x = 720^\circ - 120^\circ - 110^\circ - 140^\circ - 130^\circ - 115^\circ = 105^\circ$

45 多角形の外角の和

1 (1) 105°　(2) 75°　(3) 30°

2 (1) 360°　(2) 45°　(3) 24°
(4) 正九角形

解き方

1 (1) $\angle x = 360^\circ - 60^\circ - 80^\circ - 115^\circ = 105^\circ$
(2) $\angle x = 360^\circ - 90^\circ - 45^\circ - 70^\circ - 80^\circ = 75^\circ$
(3) $\angle x = 360^\circ - 70^\circ - 75^\circ - 40^\circ - 60^\circ - 85^\circ = 30^\circ$

2 (2) $360^\circ \div 8 = 45^\circ$
(3) $360^\circ \div 15 = 24^\circ$
(4) $360^\circ \div 40^\circ = 9$
よって、正九角形である。

46 合同な図形

1 (1) 辺EF　(2) ∠D　(3) 6cm
(4) 4cm　(5) 80°

解き方

1 (1) 四角形ABCD≡四角形EFGHであるから、辺ABに対応する辺は、辺EFである。
(2) 四角形ABCD≡四角形EFGHであるから、∠Hに対応する角は、∠Dである。
(3) 四角形ABCD≡四角形EFGHであるから、辺BCに対応する辺は、辺FGである。よって、BC＝FG＝6cm
(5) 四角形ABCD≡四角形EFGHであるから、∠Cに対応する角は、∠Gである。よって、∠C＝∠G＝80°

47 三角形の合同条件①

1 (1) 辺や角の関係…AB＝DF、BC＝FE、CA＝ED
合同条件…3組の辺がそれぞれ等しい。
(2) 辺や角の関係…AB＝FD、BC＝DE、∠B＝∠D
合同条件…2組の辺とその間の角がそれぞれ等しい。
(3) 辺や角の関係…BC＝FD、∠B＝∠F、∠C＝∠D
合同条件…1組の辺とその両端の角がそれぞれ等しい。

48 三角形の合同条件②

1 (1) 合同な三角形…(△ABC≡)△ONM
合同条件…1組の辺とその両端の角がそれぞれ等しい。
(2) 合同な三角形…(△DEF≡)△PQR
合同条件…3組の辺がそれぞれ等しい。
(3) 合同な三角形…(△GHI≡)△KLJ
合同条件…2組の辺とその間の角がそれぞれ等しい。

解き方

1 (1) BC＝NM、∠B＝∠N、∠C＝∠Mより、△ABC≡△ONM
(2) DE＝PQ、EF＝QR、FD＝RPより、△DEF≡△PQR
(3) GH＝KL、GI＝KJ、∠G＝∠Kより、△GHI≡△KLJ

49 仮定と結論

1 (1) 仮定…△ABC≡△DEF
結論…∠A＝∠D
(2) 仮定…$3x-5=1$　結論…$x=2$
(3) 仮定…$x>y$　結論…$x+z>y+z$

2 (1) 仮定…xが9の倍数
結論…xは3の倍数
(2) 仮定…2直線が平行
結論…錯角は等しい
(3) 仮定…△ABCが正三角形
結論…△ABCは二等辺三角形

50 三角形の合同の証明①

1 (1) 仮定…AB//CD、BO＝CO
結論…AO＝DO
(2) (上から順に)CO、DCO、DOC、1組の辺とその両端の角、辺

51 三角形の合同の証明②

1 (上から順に)AD、DC、AC、3組の辺、角

2 △ABEと△ACDにおいて、
仮定より、AE＝AD…①
△ABCは二等辺三角形であるから、
AB＝AC…②
共通な角だから、∠BAE＝∠CAD…③
①、②、③より、2組の辺とその間の角がそれぞれ等しいから、
△ABE≡△ACD
合同な図形の対応する辺は等しいから、
BE＝CD

解き方

❷ 仮定はAD＝AE、結論はBE＝CDである。仮定と、△ABCが二等辺三角形であることより、△ABE≡△ACDを導き、対応する辺が等しいことから結論を導く。

52 確認問題4

❶ (1) 120°　(2) 65°　(3) 130°

❷ (1) 35°　(2) 95°　(3) 135°

❸ (1) 75°　(2) 60°　(3) 50°

❹ (1) 3cm　(2) 150°　(3) 90°

❺ (1) 合同な三角形…(△ABC≡)△JLK
合同条件…1組の辺とその両端の角がそれぞれ等しい。

(2) 合同な三角形…(△DEF≡)△IGH
合同条件…2組の辺とその間の角がそれぞれ等しい。

❻ (1) 仮定…AB＝DB、BC＝BE
結論…∠BAC＝∠BDE

(2) (上から順に)DB、BE、DBE、2組の辺とその間の角、角

解き方

❶ (1) $\ell /\!/ m$より、平行線の同位角は等しいから、
$\angle x = 120^\circ$

(2) $\ell /\!/ m$より、平行線の錯角は等しいから、
$\angle x = 65^\circ$

(3) 50°の右の角は$180^\circ - 50^\circ = 130^\circ$
$\ell /\!/ m$より、平行線の同位角は等しいから、
$\angle x = 130^\circ$

❷ (1) $\angle x + 70^\circ = 105^\circ$より、$\angle x = 105^\circ - 70^\circ = 35^\circ$

(2) 四角形の内角の和は360°である。
$\angle x = 360^\circ - 80^\circ - 120^\circ - 65^\circ = 95^\circ$

(3) 五角形の内角の和は540°である。
$\angle x = 540^\circ - 85^\circ - 90^\circ - 125^\circ - 105^\circ = 135^\circ$

❸ (1) $\angle x = 360^\circ - 115^\circ - 70^\circ - 100^\circ = 75^\circ$

(2) 95°の角の外角は$180^\circ - 95^\circ = 85^\circ$
$\angle x = 360^\circ - 70^\circ - 105^\circ - 40^\circ - 85^\circ = 60^\circ$

❺ (1) △JLKにおいて、$\angle L = 180^\circ - 80^\circ - 60^\circ = 40^\circ$
よって、BC＝LK、∠B＝∠L、∠C＝∠Kより、△ABC≡△JLK

(2) EF＝GH、DF＝IH、∠F＝∠Hより、△DEF≡△IGH

❻ (2) (1)の仮定と、共通な角が等しいことを用いて、△ABC≡△DBEを導き、対応する角が等しいことから結論を導く。

53 二等辺三角形の性質①

❶ (1) 7cm　(2) 65°　(3) 50°

❷ (1) 75°　(2) 80°　(3) 20°

解き方

❷ (2) $\angle x + 50^\circ + 50^\circ = 180^\circ$より、
$\angle x = 180^\circ - 50^\circ - 50^\circ = 80^\circ$

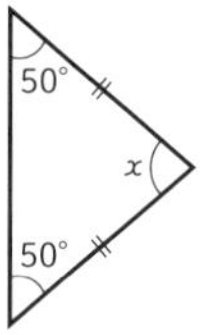

(3) 100°の角の下の角は、
$180^\circ - 100^\circ = 80^\circ$
よって、
$\angle x + 80^\circ + 80^\circ = 180^\circ$より、
$\angle x = 180^\circ - 80^\circ - 80^\circ = 20^\circ$

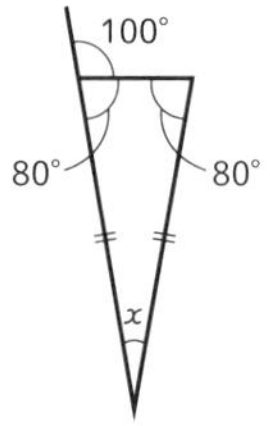

54 二等辺三角形の性質②

❶ (1) 7cm　(2) 65°　(3) 90°
(4) 3cm

❷ △ABDと△ACDにおいて、
仮定より、AB＝AC　……①
ADは頂角∠Aの二等分線だから、
∠BAD＝∠CAD　……②
共通な辺だから、AD＝AD　……③
①、②、③より、2組の辺とその間の角がそれぞれ等しいから、
△ABD≡△ACD
合同な図形の対応する辺は等しいから、
BD＝CD
また、合同な図形の対応する角は等しいから、
∠ADB＝∠ADC
一直線がつくる角は180°だから、
$\angle ADB = \angle ADC = 180^\circ \div 2 = 90^\circ$
よって、AD⊥BC

解き方

1 (1) AC＝AB＝7cm

(2) ADは頂角∠Aの二等分線だから、
∠BAD＝∠CAD＝25°
よって、∠BAC＝25°＋25°＝50°
二等辺三角形の2つの底角は等しいから、
∠B＝∠C
よって、∠B＋∠B＋50°＝180°
したがって、∠B＝130°÷2＝65°

(3) 二等辺三角形の頂角の二等分線は底辺を垂直に2等分するから、∠ADB＝90°

(4) 二等辺三角形の頂角の二等分線は底辺を垂直に2等分するから、BD＝BC÷2＝6÷2＝3(cm)

55 二等辺三角形になるための条件

1 (上から順に)C、CAD、ADC、AD、
1組の辺とその両端の角、辺

56 逆と反例

1 (1) $ab>0$ならば、$a>0$、$b>0$である。

(2) (△ABCと△DEFで、)∠C＝∠Fならば、△ABC≡△DEFである。

2 (1) 逆…$x+y=-2$ならば、$x=3$、$y=-5$である。
○か×…×
反例…(例)$x=-1$、$y=-1$

(2) 逆…(△ABCで、)∠B＝90°ならば、∠A＋∠C＝90°である。
○か×…○

解き方

2 (1) 反例はただ1つしかないわけではなく、たとえば、$x+y=-2$をみたすx、yとして、$x=-4$、$y=2$、$x=-5$、$y=3$など、いくつも考えられる。

57 直角三角形の合同条件

1 (1) 合同な三角形…(△ABC≡)△PQR
合同条件…斜辺と他の1辺がそれぞれ等しい。

(2) 合同な三角形…(△DEF≡)△KLJ
合同条件…斜辺と1つの鋭角がそれぞれ等しい。

58 直角三角形の合同の証明

1 (上から順に)BDE、BD、BE、斜辺と他の1辺、角

2 △ABDと△ACEにおいて、仮定より、
∠ADB＝∠AEC＝90° ……①
AB＝AC ……②
共通な角だから、∠BAD＝∠CAE…③
①、②、③より、直角三角形の斜辺と1つの鋭角がそれぞれ等しいから、
△ABD≡△ACE
合同な図形の対応する辺は等しいから、
BD＝CE

59 確認問題 5

1 (1) 45° (2) 50° (3) 110°

2 $\angle x=90°$ $y=8$ $z=3$

3 (1) 逆…$xy<0$ならば、$x>0$、$y<0$である。 ○か×…×
反例…(例)$x=-1$、$y=1$

(2) 逆…△ABCが二等辺三角形ならば、△ABCは正三角形である。
○か×…×
反例…(例)AB＝5cm、AC＝5cm、BC＝6cmの二等辺三角形

4 (1) 合同な三角形…(△DEF≡)△PRQ
合同条件…斜辺と1つの鋭角がそれぞれ等しい。

(2) 合同な三角形…(△GHI≡)△JLK
合同条件…斜辺と他の1辺がそれぞれ等しい。

5 △ABDと△EBDにおいて、仮定より、
∠BAD＝∠BED＝90° ……①
∠ABD＝∠EBD ……②
共通な辺だから、BD＝BD ……③
①、②、③より、直角三角形の斜辺と1つの鋭角がそれぞれ等しいから、
△ABD≡△EBD
合同な図形の対応する辺は等しいから、
DA＝DE

解き方

1 (1)　二等辺三角形の2つの底角は等しいから、
$\angle x = (180° - 90°) \div 2 = 45°$
(2)　$\angle x + 65° + 65° = 180°$ より、
$\angle x = 180° - 65° - 65° = 50°$

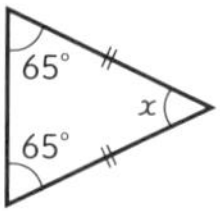

(3)　底角は、
$(180° - 40°) \div 2 = 70°$
$\angle x$は70°の角の外角だから、$\angle x = 180° - 70° = 110°$

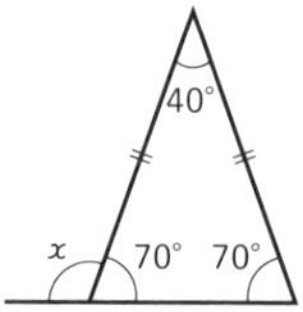

3 (1)　$xy < 0$となる場合はxが正の数、yが負の数の場合だけではなく、xが負の数、yが正の数の場合もあり、逆は正しくない。

4 (1)　△PRQにおいて、$\angle R = 180° - 90° - 50° = 40°$
よって、$\angle D = \angle P = 90°$、$\angle E = \angle R$、EF＝RQより、△DEF≡△PRQ

6章　平行四辺形

60 平行四辺形の性質

1 (1)　x…5　y…6
(2)　x…80　y…100
(3)　x…4　y…5

61 平行四辺形の性質を使った証明

1 (上から順に)CD、CF、DCF、2組の辺とその間の角、辺

2 △AOPと△COQにおいて、
平行四辺形の対角線はそれぞれの中点で交わるから、OA＝OC　……①
対頂角は等しいから、
∠AOP＝∠COQ　……②
AB//DCより、平行線の錯角は等しいから、∠OAP＝∠OCQ　……③
①、②、③より、1組の辺とその両端の角がそれぞれ等しいから、
△AOP≡△COQ
合同な図形の対応する辺は等しいから、
OP＝OQ

62 平行四辺形になるための条件①

1 (左から順に)BC、DC

2 (1)　いえない　　(2)　いえる
(3)　いえない　　(4)　いえる

解き方

1 AD//BCのとき、四角形ABCDが平行四辺形となるための条件は、AD＝BC(1組の対辺が平行で、その長さが等しい)または、AB//DC(2組の対辺がそれぞれ平行である)のいずれかである。

2 (1)、(3)の四角形ABCDは、平行四辺形になるための条件をみたさないので、平行四辺形ではない。
(2)　OA＝OC、OB＝ODより、対角線がそれぞれの中点で交わるから、平行四辺形である。
(4)　AB//DC、AB＝CDより、1組の対辺が平行で、その長さが等しいから、平行四辺形である。

2(1)の関係は、「1組の対辺が平行で、もう1組の対辺が等しい」なので、平行四辺形になるための条件に合わないことに注意しよう。

63 平行四辺形になるための条件②

1 (上から順に)BC、AD、BC、NC、NC、対辺、長さ

2 平行四辺形の対辺は等しいから、
AB＝CD　……①
仮定より、
BE＝DF　……②
ここで、
AE＝AB－BE、CF＝CD－DF……③
①、②、③より、AE＝CF　……④
平行四辺形の対辺は平行であるから、
AE//FC　……⑤
④、⑤より、1組の対辺が平行で、その長さが等しいから、四角形AECFは平行四辺形となる。

解き方

2 AB//DCより、AE//FCだから、あとはAE＝CFを導けばよい。

やりがちミス!

❷四角形AECFが平行四辺形となることを証明するので、その証明に∠AEC＝∠CFAなどの「平行四辺形の性質」を使ってはいけないよ。

64 特別な平行四辺形

❶ (上から順に)DC、CB、角、DCB、2組の辺とその間の角、辺

65 長方形、ひし形、正方形になるための条件

❶ (1) 長方形　(2) ひし形
(3) 正方形

❷ 平行四辺形の対辺はそれぞれ等しいから、
AB＝CD ……①
BC＝DA ……②
仮定より、AB＝BC ……③
①、②、③より、AB＝BC＝CD＝DA
4つの辺が等しいから、平行四辺形ABCDはひし形である。

解き方

❶ (1) AC＝BDより、対角線が等しいから、この平行四辺形は長方形になる。
(2) ∠AOB＝90°より、AC⊥BD
対角線が垂直に交わるから、この平行四辺形はひし形になる。
(3) 平行四辺形の対角線はそれぞれの中点で交わることと、OA＝OBより、AC＝BD
また、AC⊥BDより、この平行四辺形は、長方形とひし形の両方の性質をもつ。すなわち、正方形になる。

66 平行線と面積①

❶ (1) △DBC
(2) (上から順に)AOD、AOD、AD、ACD

解き方

❶ (1) △ABCと△DBCにおいて、底辺BCが共通で、AD//BCだから、△ABCと△DBCの面積は等しい。

67 平行線と面積②

❶ (上から順に)R、Q、S、S

解き方

❶ 五角形ABRQP＝四角形ABRP＋△PRQ
＝四角形ABRP＋△PRS＝四角形ABSP

68 確認問題6

❶ (1) x…7　y…4
(2) x…70　y…110

❷ (上から順に)ABF、AB、CFB、CFB、二等辺三角形

❸ ア、ウ、エ

❹ 平行四辺形の対角線はそれぞれの中点で交わるから、
OA＝OC ……①
OB＝OD ……②
仮定より、AE＝CF ……③
ここで、
OE＝OA＋AE、OF＝OC＋CF……④
①、③、④より、OE＝OF ……⑤
②、⑤より、対角線がそれぞれの中点で交わるから、四角形EBFDは平行四辺形となる。

❺ (1) ひし形　(2) 長方形
(3) 正方形

❻ (上から順に)AC、B、AC、E、E

解き方

❸ ア　∠BAD＝60°、∠ABC＝120°、∠BCD＝60°より、∠CDA＝360°－(60°＋120°＋60°)＝120°
よって、∠BAD＝∠BCD、∠ABC＝∠CDA
2組の対角がそれぞれ等しいから、四角形ABCDは平行四辺形になる。
イ　1組の対辺が平行で、もう1組の対辺の長さが等しいだけでは、四角形ABCDは平行四辺形であるとはいえない。
ウ　AO＝CO＝6cm、BO＝DO＝4cmより、対角線がそれぞれの中点で交わるから、四角形ABCDは平行四辺形になる。
エ　AD//BC、AD＝BC＝5cmより、1組の対辺が平行で、その長さが等しいから、四角形ABCDは平行四辺形になる。

❺ (1) AB＝ADより、AB＝BC＝CD＝DAとなるから、この平行四辺形はひし形になる。

(2) 平行四辺形の対角はそれぞれ等しいことと$\angle A=90^\circ$より、$\angle A=\angle B=\angle C=\angle D=90^\circ$
4つの角がすべて等しいから、この平行四辺形は長方形になる。

(3) 平行四辺形の対角線はそれぞれの中点で交わることと、$OA=OD$より、$AC=BD$
また、$\angle AOD=90^\circ$より、$\angle AOB=180^\circ-90^\circ=90^\circ$
よって、$AC\perp BD$
したがって、この平行四辺形は、長方形とひし形の両方の性質をもつ。すなわち、正方形になる。

7章 確率

69 確率の求め方①

1 (1) 6通り　(2) $\frac{1}{6}$　(3) $\frac{1}{6}$
(4) $\frac{1}{3}$　(5) $\frac{1}{3}$

解き方

1 (1) 1個のさいころを1回投げるとき、さいころの目の出方は、1、2、3、4、5、6の全部で6通りある。

(2) 2の目が出るのは1通りだから、求める確率は、$\frac{1}{6}$

(4) 2または5の目が出るのは2通りだから、求める確率は、$\frac{2}{6}=\frac{1}{3}$

(5) 5以上の目が出るのは5、6の2通りだから、求める確率は、$\frac{2}{6}=\frac{1}{3}$

70 確率の求め方②

1 (1) 12通り　(2) $\frac{5}{12}$　(3) $\frac{2}{3}$
(4) 1　(5) 0

解き方

1 (2) 赤玉を取り出すのは5通りだから、求める確率は、$\frac{5}{12}$

(3) 赤玉または白玉を取り出すのは、$5+3=8$(通り)だから、求める確率は、$\frac{8}{12}=\frac{2}{3}$

(5) 袋に黒玉は入っていないので、黒玉を取り出すのは0通りだから、求める確率は、$\frac{0}{12}=0$

71 確率の求め方③

1 (1) (上から順に)○、×
(2) 4通り　(3) $\frac{1}{4}$　(4) $\frac{1}{2}$

解き方

1 (1)(2) 2枚の硬貨の表裏の出方は、10円硬貨が表のとき、100円硬貨は表と裏の2通り、10円硬貨が裏のときも、100円硬貨は表と裏の2通りだから、全部で4通りある。

(3) 表が2枚出るのは、10円硬貨と100円硬貨がともに表の場合で、1通りだから、求める確率は、$\frac{1}{4}$

(4) 表が1枚、裏が1枚出るのは、10円硬貨が表で100円硬貨が裏の場合と、10円硬貨が裏で100円硬貨が表の場合の2通りあるから、求める確率は、$\frac{2}{4}=\frac{1}{2}$

72 いろいろな確率①

1 (1) (上から順に)○、×
(2) 8通り　(3) $\frac{1}{8}$　(4) $\frac{3}{8}$

解き方

1 (1)(2) 10円硬貨A、B、Cがそれぞれ表、裏、裏と出ることを(○、×、×)と表すと、3枚の硬貨の表裏の出方は、(○、○、○)、(○、○、×)、(○、×、○)、(○、×、×)、(×、○、○)、(×、○、×)、(×、×、○)、(×、×、×)の全部で8通りある。

(3) 表が3枚出るのは、(○、○、○)の1通りだから、求める確率は、$\frac{1}{8}$

(4) 表が2枚、裏が1枚出るのは、(○、○、×)、(○、×、○)、(×、○、○)の3通りあるから、求める確率は、$\frac{3}{8}$

73 いろいろな確率②

1 (1) 20通り　(2) $\frac{1}{10}$　(3) $\frac{3}{10}$

解き方

❶ (1)　2本の当たりくじを①、②、はずれくじを3、4、5として樹形図で表すと、本誌p.79の例のように20通りある。

(2)　A、B2人とも当たりくじをひくのは、(①、②)、(②、①)の2通りあるから、求める確率は、
$\frac{2}{20}=\frac{1}{10}$

(3)　Aが当たりくじをひき、Bがはずれくじをひくのは、(①、3)、(①、4)、(①、5)、(②、3)、(②、4)、(②、5)の6通りあるから、求める確率は、
$\frac{6}{20}=\frac{3}{10}$

74 いろいろな確率③

❶ (1)　36通り　(2)　$\frac{5}{36}$　(3)　$\frac{5}{18}$

(4)　$\frac{1}{6}$　(5)　$\frac{5}{6}$

解き方

❶ (1)　本誌p.80の説明の表のように、2個のさいころの目の出方は、全部で36通りある。

(2)　出る目の和が6になるのは、〔1、5〕、〔2、4〕、〔3、3〕、〔4、2〕、〔5、1〕の5通りあるから、求める確率は、$\frac{5}{36}$

(3)　出る目の和が9以上になるのは、
出る目の和が9…〔3、6〕、〔4、5〕、〔5、4〕、〔6、3〕
出る目の和が10…〔4、6〕、〔5、5〕、〔6、4〕
出る目の和が11…〔5、6〕、〔6、5〕
出る目の和が12…〔6、6〕
の、全部で4＋3＋2＋1＝10(通り)あるから、求める確率は、$\frac{10}{36}=\frac{5}{18}$

(4)　2個とも同じ目が出るのは、〔1、1〕、〔2、2〕、〔3、3〕、〔4、4〕、〔5、5〕、〔6、6〕の6通りあるから、求める確率は、$\frac{6}{36}=\frac{1}{6}$

(5)　(2個とも異なる目が出る確率)＝1－(2個とも同じ目が出る確率)＝$1-\frac{1}{6}=\frac{5}{6}$

75 いろいろな確率④

❶ (1)　10通り　(2)　$\frac{1}{10}$

(3)　$\frac{2}{5}$　(4)　$\frac{3}{5}$

解き方

❶ (1)　AとBが対戦する2チームに選ばれることを{A、B}と書くと、対戦する2チームの選ばれ方は、{A、B}、{A、C}、{A、D}、{A、E}、{B、C}、{B、D}、{B、E}、{C、D}、{C、E}、{D、E}の、全部で10通りある。

(2)　AチームとBチームが選ばれるのは、{A、B}の1通りあるから、求める確率は、$\frac{1}{10}$

(3)　Aチームが選ばれるのは、{A、B}、{A、C}、{A、D}、{A、E}の4通りあるから、求める確率は、
$\frac{4}{10}=\frac{2}{5}$

(4)　Aチーム以外のチームが選ばれるのは、{B、C}、{B、D}、{B、E}、{C、D}、{C、E}、{D、E}の6通りあるから、求める確率は、
$\frac{6}{10}=\frac{3}{5}$、または$1-\frac{2}{5}=\frac{3}{5}$と求めてもよい。

76 確率の利用

❶ (1)　$\frac{1}{3}$　(2)　$\frac{1}{3}$　(3)　ウ

解き方

❶ 当たりくじを①、②、はずれくじを3、4、5、6とすると、樹形図は次のようになる。

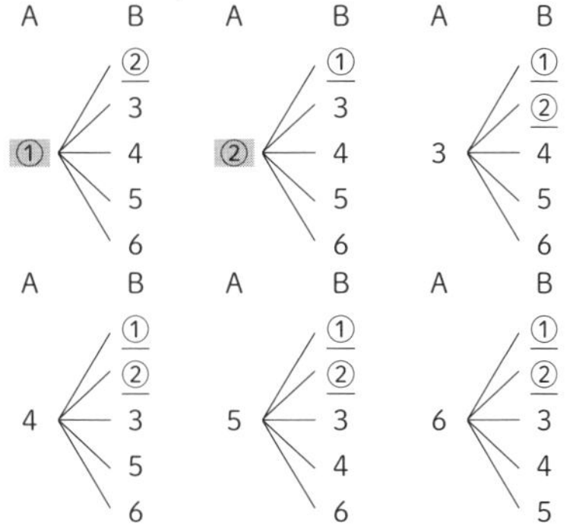

(1)　くじのひき方は全部で30通りある。Aが当たりくじをひくのは、░░░░をつけた10通りあるから、求める確率は、$\frac{10}{30}=\frac{1}{3}$

(2)　Bが当たりくじをひくのは、　　をつけた10通りあるから、求める確率は、$\frac{10}{30}=\frac{1}{3}$

(3)　(1)、(2)より、先にひいたAが当たりくじをひく確率と後からひいたBが当たりくじをひく確率は等しいから、先にくじをひいたAと、後からひいたBとで、当たりやすさにちがいはない。

77 確認問題 7

1 (1) $\frac{1}{5}$　(2) $\frac{2}{3}$

2 (1) (上から順に)○、×

(2) 8通り

(3) $\frac{1}{8}$　(4) $\frac{3}{8}$

3 (1) $\frac{1}{4}$　(2) $\frac{1}{6}$　(3) $\frac{1}{12}$

4 ア

5 (1) 10通り　(2) $\frac{2}{5}$

解き方

1 (1)　玉の取り出し方は、全部で15通りある。赤玉を取り出すのは3通りあるから、求める確率は、$\frac{3}{15}=\frac{1}{5}$

(2)　赤玉または青玉を取り出すのは、3＋7＝10(通り)あるから、求める確率は、$\frac{10}{15}=\frac{2}{3}$

2 (1)(2)　10円硬貨、100円硬貨、500円硬貨がそれぞれ表、裏、裏と出ることを(○、×、×)と表すと、3枚の硬貨の表裏の出方は、(○、○、○)、(○、○、×)、(○、×、○)、(○、×、×)、(×、○、○)、(×、○、×)、(×、×、○)、(×、×、×)の全部で8通りある。

(3)　裏が3枚出るのは、(×、×、×)の1通りあるから、求める確率は、$\frac{1}{8}$

(4)　表が1枚、裏が2枚出るのは、(○、×、×)、(×、○、×)、(×、×、○)の3通りあるから、求める確率は、$\frac{3}{8}$

3 (1)　2個のさいころの目の出方は、全部で36通りある。
2個とも奇数の目が出るのは、〔1、1〕、〔1、3〕、〔1、5〕、〔3、1〕、〔3、3〕、〔3、5〕、〔5、1〕、〔5、3〕、〔5、5〕の9通りあるから、求める確率は、$\frac{9}{36}=\frac{1}{4}$

(2)　出る目の和が7になるのは、〔1、6〕、〔2、5〕、〔3、4〕、〔4、3〕、〔5、2〕、〔6、1〕の6通りあるから、求める確率は、$\frac{6}{36}=\frac{1}{6}$

(3)　出る目の和が3以下となるのは、
出る目の和が2…〔1、1〕
出る目の和が3…〔1、2〕、〔2、1〕
の、全部で1＋2＝3(通り)あるから、求める確率は、$\frac{3}{36}=\frac{1}{12}$

4 当たりくじを①、はずれくじを2、3、4、5、6とすると、樹形図は次のようになる。

(Ⅰ)の場合

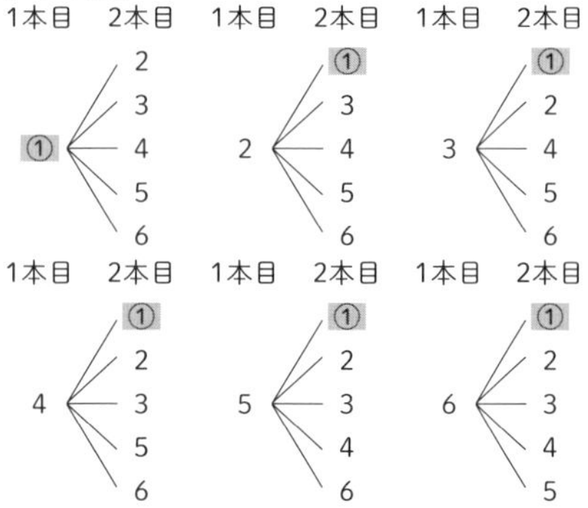

(Ⅱ)の場合

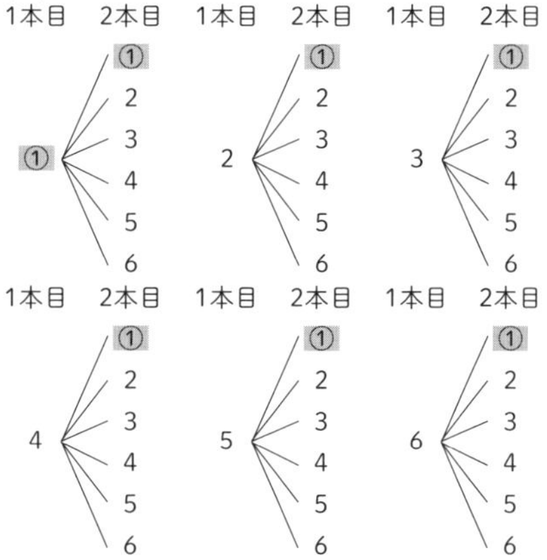

(Ⅰ)の場合、くじのひき方は全部で30通りある。当たりくじが出るのは、　　をつけた10通りあるから、求める確率pは、$p=\frac{10}{30}\left(=\frac{60}{180}\right)$

(Ⅱ)の場合、くじのひき方は全部で36通りある。1回以上当たりくじが出るのは、　　をつけた11通りあるから、求める確率qは、$q=\frac{11}{36}\left(=\frac{55}{180}\right)$

よって、pのほうが大きい。

5 (1)　AとBが日直に選ばれることを {A、B} と書くと、日直の2人の選ばれ方は、{A、B}、{A、C}、{A、D}、{A、E}、{B、C}、{B、D}、{B、E}、{C、D}、{C、E}、{D、E} の全部で10通りある。

(2)　Eが日直に選ばれるのは、{A、E}、{B、E}、{C、E}、{D、E} の4通りあるから、求める確率は、

$\frac{4}{10}=\frac{2}{5}$

8章　データの活用

78 四分位数、四分位範囲

1 (1)　7点　(2)　10.5点　(3)　14点
(4)　7点

解き方

1 データを小さい順に並べると、

前半部分：5、7、⑦、8、9
後半部分：12、12、⑭、16、20

(1)　第1四分位数は、前半部分の中央値、つまり、小さいほうから数えて3番目の値で、7点

(2)　第2四分位数は、全データの中央値、つまり、小さいほうから数えて5番目と6番目の値の平均値で、$\frac{9+12}{2}=10.5$(点)

(3)　第3四分位数は、後半部分の中央値、つまり、小さいほうから数えて8番目の値で、14点

(4)　(四分位範囲)
=(第3四分位数)−(第1四分位数)
$=14-7=7$(点)

79 箱ひげ図

1 (1)　12m　(2)　27m　(3)　15m
(4)　16m　(5)　20m　(6)　23m
(7)

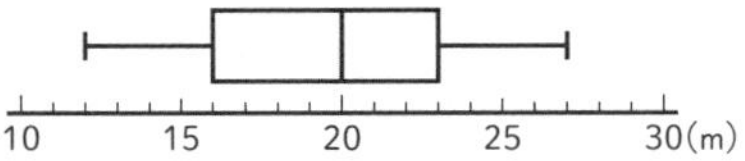

解き方

1 データを小さい順に並べると、

前半部分：12、14、15、17、18、19
20
後半部分：20、21、21、25、25、27

(3)　(範囲)=(最大値)−(最小値)
$=27-12=15$(m)

(4)　第1四分位数は、前半部分の中央値、つまり、小さいほうから数えて3番目と4番目の値の平均値で、$\frac{15+17}{2}=16$(m)

(5)　第2四分位数は、全データの中央値、つまり、小さいほうから数えて7番目の値で、20m

(6)　第3四分位数は、後半部分の中央値、つまり、小さいほうから数えて10番目と11番目の値の平均値で、$\frac{21+25}{2}=23$(m)

80 データの分布①

1 (1)　国語　(2)　国語　(3)　数学
(4)　英語

解き方

1 (1)　範囲と四分位範囲はそれぞれ、次のようになる。
国語…$95-30=65$(点)、$75-40=35$(点)
数学…$95-20=75$(点)、$70-35=35$(点)
英語…$90-25=65$(点)、$85-35=50$(点)

(2)　中央値は、国語65点、数学55点、英語60点で、国語が最も高い。

(3)　数学で、中央値55点は、得点が少ないほうから数えて14番目の生徒のデータであるから、55点の生徒が必ずいる。

(4)　英語で、第3四分位数85点は、得点が少ないほうから数えて21番目の生徒の得点である。つまり、85点以上の生徒が$27-20=7$(人)はいるから、80点以上の生徒も7人以上いる。

81 データの分布②

1 ア…B　イ…D　ウ…A　エ…C

解き方

1 ア　ヒストグラムが左右対称に近く、山の高い部分が中央部分に集中しているから、箱ひげ図はBに対応する。

イ　ヒストグラムの山の高い部分が右にかたより、左にすそをひいているから、箱ひげ図はDに対応する。

ウ　ヒストグラムの山の高い部分が左にかたより、右にすそをひいているから、箱ひげ図はAに対応する。

エ　ヒストグラムの山の高い部分が左右対称に広く分布しているから、箱ひげ図はCに対応する。

82 確認問題 8

1 (1) 5時間　(2) 12.5時間
(3) 18時間　(4) 13時間

2 (1) 5点　(2) 20点　(3) 7点
(4) 12点　(5) 15点
(6)

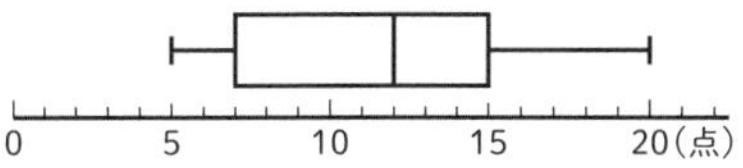

3 イ、ウ

4 ア…C　イ…A　ウ…B

解き方

1 データを小さい順に並べると、

前半部分　後半部分
0、3、⑤、6、11 ⋮ 14、15、⑱、18、23

(1) 第1四分位数は、前半部分の中央値、つまり、小さいほうから数えて3番目の値で、5時間

(2) 第2四分位数は、全データの中央値、つまり、小さいほうから数えて5番目と6番目の値の平均値で、$\dfrac{11+14}{2}=12.5$(時間)

(3) 第3四分位数は、後半部分の中央値、つまり、小さいほうから数えて8番目の値で、18時間

(4) (四分位範囲)
＝(第3四分位数)－(第1四分位数)
$=18-5=13$(時間)

2 データを小さい順に並べると、

前半部分　後半部分
5、6、8、11 ⋮ 13、13、17、20

(3) 第1四分位数は、前半部分の中央値、つまり、小さいほうから数えて2番目と3番目の値の平均値で、$\dfrac{6+8}{2}=7$(点)

(4) 第2四分位数は、全データの中央値、つまり、小さいほうから数えて4番目と5番目の値の平均値で、$\dfrac{11+13}{2}=12$(点)

(5) 第3四分位数は、後半部分の中央値、つまり、小さいほうから数えて6番目と7番目の値の平均値で、$\dfrac{13+17}{2}=15$(点)

3 ア　範囲は、A選手が$12-1=11$(点)、B選手が$11-2=9$(点)だから、得点のデータの範囲は同じではない。

イ　中央値は、A選手が7点、B選手が8点だから、得点はA選手のほうが少ない。

ウ　第3四分位数は、A選手が9点、B選手が10点だから、9点以下のデータを比べると、A選手のほうが多い。

エ　B選手の第3四分位数10点は、得点が少ないほうから数えて12番目の得点のデータであるから、得点が10点である試合が必ずある。しかし、A選手で、10点はどの四分位数にもあてはまらないので、箱ひげ図から、得点が10点である試合が必ずあるかどうかは判断できない。

4 ア　ヒストグラムの山の高い部分が左にかたより、右にすそをひいているから、箱ひげ図はCに対応する。

イ　ヒストグラムの山の高い部分が右にかたより、左にすそをひいているから、箱ひげ図はAに対応する。

ウ　ヒストグラムの山の高い部分が左右対称に広く分布しているから、箱ひげ図はBに対応する。

83 まとめテスト 1

1 (1) $5a-2b$　(2) $9x-11y$
(3) $-14x+16y$　(4) $\dfrac{2x-7y}{5}$

2 (1) $x=5$、$y=-6$
(2) $x=-2$、$y=1$
(3) $x=9$、$y=12$
(4) $x=8$、$y=-12$

3 (1) $y=-3x+1$　(2) $y=-2x+5$

4 (1) 70°　(2) 105°

5 (1) いえる　(2) いえない
(3) いえない　(4) いえる

6 (1) $\dfrac{1}{6}$　(2) $\dfrac{1}{2}$

7 (1) A組　(2) B組

解き方

1 (3) $4(-x+3y)-(10x-4y)=-4x+12y-10x+4y$
$=-4x-10x+12y+4y=-14x+16y$

(4) $\dfrac{x-3y}{2}-\dfrac{x-y}{10}$
$=\dfrac{5(x-3y)}{10}-\dfrac{x-y}{10}=\dfrac{5(x-3y)-(x-y)}{10}$
$=\dfrac{5x-15y-x+y}{10}=\dfrac{4x-14y}{10}=\dfrac{2x-7y}{5}$

❷ (3) $\begin{cases} \dfrac{1}{3}x-\dfrac{1}{2}y=-3 \\ \dfrac{1}{9}x-\dfrac{1}{4}y=-2 \end{cases}$

→上の式の両辺を6倍、下の式の両辺を36倍する

$\begin{cases} 2x-3y=-18 & \cdots① \\ 4x-9y=-72 & \cdots② \end{cases}$

$$\begin{array}{lr} ①\times 2 & 4x-6y=-36 \\ ② & -)\,4x-9y=-72 \\ \hline & 3y=36 \\ & y=12 \end{array}$$

$y=12$を①に代入すると、$x=9$

よって、$x=9$、$y=12$

(4) $\begin{cases} y=-x-4 & \cdots① \\ 3x+y=12 & \cdots② \end{cases}$

①を②に代入すると、$3x+(-x-4)=12$

$3x-x-4=12$、$x=8$

$x=8$を①に代入すると、$y=-8-4=-12$

よって、$x=8$、$y=-12$

❸ (2) 傾きは$\dfrac{-3-11}{4-(-3)}=-2$だから、$y=-2x+b$とおける。

点$(-3、11)$を通るから、$11=-2\times(-3)+b$、$b=5$

よって、求める直線の式は、$y=-2x+5$

❹ (1) $\angle x=95^\circ-25^\circ=70^\circ$

(2) $\angle x=360^\circ-110^\circ-45^\circ-100^\circ=105^\circ$

❺ (1)〜(4)の四角形が、平行四辺形になるための条件にあてはまるかを考える。

❻ (1) 2個のさいころの目の出方は、全部で36通りある。同じ目が出るのは、〔1、1〕、〔2、2〕、〔3、3〕、〔4、4〕、〔5、5〕、〔6、6〕の6通り。よって、2個とも同じ目が出る確率は、$\dfrac{6}{36}=\dfrac{1}{6}$

(2) 出る目の和が偶数になるのは、〔1、1〕、〔1、3〕、〔1、5〕、〔2、2〕、〔2、4〕、〔2、6〕、〔3、1〕、〔3、3〕、〔3、5〕、〔4、2〕、〔4、4〕、〔4、6〕、〔5、1〕、〔5、3〕、〔5、5〕、〔6、2〕、〔6、4〕、〔6、6〕の18通りだから、出る目の和が偶数になる確率は、$\dfrac{18}{36}=\dfrac{1}{2}$

❼ (1) A組で、中央値7冊は、借りた本の冊数が少ないほうから数えて14番目の生徒の冊数であるから、借りた本の冊数が7冊である生徒が必ずいる。

(2) A組の第3四分位数は9冊、B組の第3四分位数は10冊だから、第3四分位数で比べたとき、借りた本の冊数が10冊以上である生徒の人数が多いのは、B組である。

84 まとめテスト2

❶ (1) $6abc$　(2) $32a-40b$

(3) $-\dfrac{12}{5}xy$　(4) 12

❷ (1) $x=7$、$y=-5$

(2) $x=-18$、$y=-14$

(3) $x=4$、$y=1$

(4) $x=2$、$y=-2$

❸ (1) $y=-x+3$　(2) $y=\dfrac{2}{3}x-3$

(3) $y=-4$

❹ (1) 130°　(2) 135°

❺ (1) △AECと△DCE

(2) (上から順に)FEC、FEC、EC、DCE

❻ (1) $\dfrac{1}{2}$　(2) $\dfrac{1}{5}$

解き方

❶ (2) $(28a-35b)\div\dfrac{7}{8}=(28a-35b)\times\dfrac{8}{7}$

$=28a\times\dfrac{8}{7}-35b\times\dfrac{8}{7}=32a-40b$

(4) $27x^2\div(-3xy)^2\times 4y^2=27x^2\div 9x^2y^2\times 4y^2$

$=\dfrac{27x^2\times 4y^2}{9x^2y^2}=12$

❷ (1) $\begin{cases} 3x+2y=11 & \cdots① \\ 7x+5y=24 & \cdots② \end{cases}$

$$\begin{array}{lr} ①\times 5 & 15x+10y=55 \\ ②\times 2 & -)\,14x+10y=48 \\ \hline & x\qquad=7 \end{array}$$

$x=7$を①に代入すると、

$3\times 7+2y=11$、$y=-5$

よって、$x=7$、$y=-5$

(2) $\begin{cases} 0.4x-0.6y=1.2 \\ x-y=-4 \end{cases}$

→上の式の両辺を10倍する

$\begin{cases} 4x-6y=12 & \cdots① \\ x-y=-4 & \cdots② \end{cases}$

$$\begin{array}{lr} ① & 4x-6y=12 \\ ②\times 4 & -)\,4x-4y=-16 \\ \hline & -2y=28 \\ & y=-14 \end{array}$$

$y=-14$を②に代入すると、$x=-18$

よって、$x=-18$、$y=-14$

❸ (2) 傾きが$\dfrac{2}{3}$、切片が-3なので、求める直線の式は、$y=\dfrac{2}{3}x-3$

❹ (1) $180^\circ - 50^\circ = 130^\circ$
$\ell /\!/ m$だから、$\angle x = 130^\circ$
(2) $\ell /\!/ m$だから、$\angle x = 135^\circ$

❺ (1) △ABEと△AECにおいて、底辺BEと底辺ECが等しく、AD//BCだから、△ABEと△AECの面積は等しい。△AECと△DCEにおいて、底辺ECが共通で、AD//BCだから、△AECと△DCEの面積は等しい。よって、△ABEと面積が等しいのは、△AEC、△DCE

❻ (1) 当たりくじを①、②、③、はずれくじを4、5、6とすると、2人のくじのひき方は、全部で30通りある。
A、Bがひいたくじがそれぞれ①、4であることを(①、4)で表すと、Aが当たりくじをひくのは、
(①、②)、(①、③)、(①、4)、(①、5)、(①、6)、
(②、①)、(②、③)、(②、4)、(②、5)、(②、6)、
(③、①)、(③、②)、(③、4)、(③、5)、(③、6)
の15通りあるから、求める確率は、$\frac{15}{30} = \frac{1}{2}$

(2) 2人とも当たりくじをひくのは、(①、②)、(①、③)、(②、①)、(②、③)、(③、①)、(③、②)の6通りあるから、求める確率は、
$\frac{6}{30} = \frac{1}{5}$